happyh
yhappy
.recipe

해피해피레시피

해피해피레시피

쿠 키

제1판 1쇄 발행 | 2018년 11월 12일
제1판 5쇄 발행 | 2022년 9월 20일

지은이   해피해피케이크
펴낸이   박성우
디자인   정해진 www.onmypaper.com
펴낸곳   청출판
주소   경기도 파주시 문발동 594-10
전화   070-7783-5685 | 팩스 031-945-7163
전자우편   sixninenine@daum.net
등록   제406-2012-000043호

ⓒ 2018 해피해피케이크

ISBN | 978-89-92119-70-2 13590

HAPPY HAPPY RECIPE
COOKIE

해피해피레시피

쿠키

해피해피케이크 지음

정말 맛있는 15개의 쿠키를 시작하며

[해피해피레시피] 시리즈는 품목별로 정말 맛있는 15개의 레시피를 소개하면서 각 품목의 핵심 이론, 재료의 역할이나 도구 사용법을 정확히 알고 접근할 수 있도록 설명하고 있습니다. 또한 다양한 제과 품목을 좀 더 쉽고 재미있게 따라 할 수 있도록 하는 것을 컨셉으로 한 레시피북입니다. '쿠키'라는 품목은 처음 이 기획을 시작하던 단계부터 꼭 다루고 싶었던 주제였습니다. 베이킹을 처음 시작하는 분들이나 전문가는 물론이고 누구나 한번쯤은 접해봤을 아이템인 쿠키는 버터와 밀가루로 만들어내는 가장 간단하면서도 매력적인 제품이기 때문입니다.

쿠키는 심플하게 만들어냅니다. 그리고 한계가 없는 제품이라고 생각해요. 쿠키를 구성하는 기본 배합을 알게 되면 좋아하는 재료의 혼합과 부재료를 더하는 것만으로도 다양한 제품을 비교적 쉽게 만들어 낼 수 있기 때문이죠. 실제로 그러하기에 베이킹 품목 중에서 가장 많이 만들어지는 제품이 쿠키입니다. 이렇게 워낙 많은 사람들이 쉽게 만들어내고 있기 때문에 우리가 정말 흔하게 만날 수 있는 것이 쿠키 레시피이면서도 반대로 정말 맛있고 완성도 높은 레시피를 찾기 힘든 것이 쿠키 레시피이기도 합니다. 우리 팀은《해피해피레시피 쿠키》편을 통해서 맛있는 쿠키 레시피를 찾고 있는 분들께 믿고 만들어 볼 수 있는 15가지의 맛있는 쿠키 레시피와 그에 대한 방법을 소개하고자 합니다.

《해피해피레시피 쿠키》를 기획할 때 가장 어려웠던 것 중 하나는 15가지 쿠키를 선정하는 것이었습니다. 여러분은 쿠키하면 어떤 것이 가장 먼저 떠오르나요? 초콜릿이 툭툭 올라간 투박한 미국식 초콜릿 쿠키부터 고소한 버터 풍미가 가득한 입 안에서 부드럽게 녹아내리는 도넛 모양의 버터 쿠키가 흔히 생각날 겁니다. 원통형으로 길게 만들어 얼려둔 쿠키에 설탕을 묻혀 잘라 구워 내는 아이스박스 쿠키도 우리에게 많이 알려져 있는 쿠키의 한 형태입니다. 이렇게 '쿠키'라고 불리는 제품은 워낙 다양한 형태로 그리고 여러 가지 식감과 맛으로 발전되어 많이 활용되고 있는 제품이기 때문에 이 중에서 15개만을 고른다는 것은 너무나 어려운 선택이었습니다.

어려운 고민 끝에 우리 팀은 그 중에서도 꼭 소개하고 싶은 15개의 쿠키 레시피를 이 책에 담았습니다. 쿠키 레시피라면 꼭 있어야 할 클래식하고 맛있는 제품들부터 특별한 아이디어가 담긴 유니크한 제품까지 이 책을 보는 분들이 최대한 다양하고 맛있는 제품을 접할 수 있도록 레시피를 구성해 보았습니다. 아이들에게 만들어 주기 위한 건강하고 맛있는 쿠키 레시피를 찾고 있었다면, 혹은 차 한 잔과 함께 할 고급스러운 쿠키를 만들려고 준비 중이라면, 혹은 쿠키 박스를 구성하기 위한 다양한 맛의 개성 있는 쿠키를 원했던 분들께 부디 이 책의 15가지 레시피 안에서 찾고 있는 쿠키 레시피를 꼭 만날 수 있길 바랍니다. 또 나아가 쿠키 레시피를 이해하고, 나만의 맛있는 쿠키 레시피를 만들 수 있는 데에 영감을 줄 수 있는 책이 되었으면 좋겠습니다.

CONTENTS

우리는 쿠키가 가장 많이 만들어지는 방식을 크게 네 종류의 형태로 나누어 보았습니다. 정말 다양한 형태로 만들어지는 쿠키 제품의 특성상 세상의 모든 쿠키가 이 네 종류의 형태에 속하는 것은 아니지만 그 중에서도 가장 많이 만들어지는 쿠키의 배합과 만드는 방법을 익혀 두고, 그 특성을 이해하면 다른 종류의 쿠키를 만드는 데에도 분명 도움이 될 거라고 생각했어요.

쿠키는 기본적으로 버터, 설탕, 달걀, 밀가루 정도의 재료로 간단하게 만드는 제품이지만 그 재료의 배합이 조금만 달라져도 다른 식감의 쿠키가 완성됩니다.

부디 이 네 종류 형태의 레시피를 비교해 보고 어떤 차이가 있는지 확인해 보기를 바랍니다.

재료의 차이로 발생하는 식감의 차이와 성형 방식의 차이, 제법의 차이점도 꼭 확인하면서 쿠키를 조금 더 알 수 있는 계기가 되었으면 좋겠습니다.

제대로 된 기본 레시피를 바탕으로 한 정말 맛있는 네 종류 형태의 쿠키 레시피!

15가지의 쿠키를 본격적으로 시작하기 전에 꼭 만들어 보기를 추천합니다.

자르는 쿠키

사블레, 아이스박스 쿠키
지름 3㎝×두께 1.5㎝ 쿠키 약 30개 분량, 160도 25분

자르는 방식의 쿠키는 반죽을 만들어 막대 모양으로 성형한 후 냉동 보관해 두었다가 필요할 때 잘라서 구울 수 있는 쿠키입니다. 냉동실에 보관 후 사용이 용이하기 때문에 '아이스박스 쿠키'라는 이름으로 불리며, 모래처럼 부스러지는 식감으로 완성되기 때문에 모래라는 의미의 '사블레'라고 합니다. 잘 만들어진 사블레 쿠키는 이름처럼 가볍게 부서지는 식감이어야 하며 잘못 만들어질 경우 딱딱한 식감이 될 수 있습니다. 다양한 형태의 쿠키 중 성형이 비교적 쉽고 간단하여 가정에서 활용도가 가장 높은 쿠키이기도 합니다.

INGREDIENT

버터 86g
-
설탕 52g
-
노른자 18g
-
박력분 53g
강력분 86g

마무리용
설탕 적당량

13

[준비]

01. 버터는 포마드 상태로 준비합니다. (p40 참고, 푸드프로세서를 사용할 경우 냉장 상태로
      차갑게 조각내어 준비합니다.)

02. 노른자는 실온 상태로 준비합니다.

03. 가루류(박력분. 강력분)은 함께 체쳐서 준비합니다.

04. 마무리용 설탕은 완성된 반죽에 묻히기 쉽도록 넓은 트레이에 준비합니다.

05. 오븐은 160도로 예열합니다.

14

[만들기]

1. 버터를 주걱으로 풀어줍니다. (p40 참고) 이때 사블레 쿠키 특유의
바삭하며 부스러지는 식감을 살리기 위해서는 버터에 공기가 너무
많이 들어가지 않도록 하는 것이 좋습니다.

2. 1의 부드럽게 풀어진 버터에 설탕을 조금씩 나누어 넣으며 섞어줍니다.
설탕을 나누어 넣는 이유는 한번에 넣었을 경우 버터가 순간적으로
단단해져서 설탕을 풀어주기가 어렵기 때문입니다. 이 책 분량의
레시피일 경우 약 3~5회 정도로 나누어 넣으며 버터에 설탕을
혼합합니다.

3. 노른자를 한번에 넣고 섞습니다. 차가운 노른자를 사용하면 분리될 수
있으므로 실온의 노른자를 사용하여 잘 섞이도록 합니다.

4. 3의 반죽에 체쳐둔 가루를 한번에 넣고 주걱으로 자르듯 섞습니다.
쿠키 반죽은 보통 글루텐을 많이 형성하지 않도록 하며, 글루텐이
많이 형성되면 좀 더 단단하고 딱딱한 식감으로 완성됩니다. 사블레의
경우 특히 글루텐이 많이 형성되면 사블레의 모래 같은 식감이 아닌
딱딱한 덩어리 느낌의 쿠키가 될 수 있으니 가루를 섞을 때 주의하도록
합니다. (p41 참고)

5. 날가루가 보이지 않고 반죽이 조금씩 뭉치기 시작하는 소보로와 같은
형태가 되면 반죽을 작업대에 내려놓습니다.

16

1~5까지의 공정은 푸드프로세서를 이용하여 간단히 만들 수 있어요. 이 책에서는 좀 더 손쉽게 작업할 수 있도록
손으로 직접 작업하는 방식과 기계를 이용하는 방식 두 가지를 소개하고 있습니다. 자르는 쿠키 레시피의 경우에는
버터, 설탕, 가루류를 한번에 넣어 푸드프로세서를 작동해서 버터가 잘게 잘라진 형태가 되면 노른자를 넣어 다시
작동합니다. 5의 소보로 상태가 완성됩니다. 단 기계를 사용하기 때문에 버터를 포마드 상태로 시작하면 버터가 많
이 녹을 수 있으므로 버터를 차갑게 조각내어 준비하는 것이 좋습니다. 소보로 상태가 되면 동일하게 작업대에 내
려 다음 단계로 진행합니다.

6

6. 반죽을 빠르게 그리고 최소한의 혼합으로 한 덩이로 뭉치기 위해서는 작업대 위에서 반죽을
누르듯이 펼쳐주는 작업이 필요합니다. 이를 '프라제*'라고 하며, 최소한의 글루텐 형성과 빠른
혼합에 필요한 동작입니다. 마치 손빨래를 하듯이 반죽을 작업대에 누르듯 늘려주고, 반죽이
매끄럽게 한 덩이가 된다면 더 이상 작업을 계속하지 않고 멈추어야 좋은 식감으로 완성할 수
있어요.

* **프라제**Fraiser 반죽을 손으로 문질러 균일하고 매끄럽게 섞는 작업.

7

7. 완성된 반죽은 조금 부드러운 상태로 바로 성형하기에는 모양이
잘 잡히지 않을 수 있습니다. 두 덩이로 나누어 대강 원기둥 형태로
만들어 냉장고에 30분 정도 휴지합니다.

8. 단단해진 반죽을 지름 2.5㎝ 원기둥 모양으로 성형합니다. (매끈한
표면을 위해서는 유산지 등으로 표면을 감싸서 모양을 잡아주면 좋고, 모양이 잘
잡혔다면 냉동실에 두어 자르기 좋은 단단한 상태가 되도록 굳힙니다. 그리고
구워지면서 약간 부풀기 때문에 쿠키의 지름은 약 3㎝로 완성됩니다.)

9. 단단하게 자르기 좋은 상태가 된 반죽은 설탕이 잘 묻을 수 있도록
젖은 행주로 표면을 촉촉하게 한 후, 준비된 마무리용 설탕을 묻히고
1.5㎝ 정도의 두께로 잘라서 굽습니다. (160도 25분) 구워져 나오면
식힘망에 올려 식힙니다.

8까지 완성된 반죽은 그대로 냉동고에 밀폐하여 보관한 상태로
두었다가 필요할 때 꺼내어 설탕을 묻힌 후 잘라서 구워 내어 완성해도
좋아요. (p42 참고)

18

8-1

8-2

9-1

9-2

9-3

9-4

찍는 쿠키

모양 쿠키
지름 6.5㎝×두께 5㎝ 쿠키 약 15개 분량, 160도 20분

반죽을 밀대로 얇게 밀고 모양 쿠키커터 등으로 찍어 내어 굽는 쿠키 형태입니다. 비교적 바로 성형하기 쉬운 반죽으로 빠르게 완성하여 밀대로 밀어 원하는 형태로 재단하거나 찍어서 완성합니다. 슈거 아이싱을 올리는 아이싱 쿠키로 활용되기도 하며 두 개의 쿠키에 크림을 샌드하는 타입으로 활용하기도 합니다. 모양을 선명하게 하기 위해서는 밀대로 반죽을 밀고, 잠시 냉장고에 차갑게 한 후 꺼내어 찍으면 좀 더 깨끗한 모양을 완성할 수 있습니다.

INGREDIENT

버터 88g

-

분당 59g

-

전란 33g

-

박력분 154g
아몬드파우더 30g

[준비]

01. 버터는 포마드 상태로 준비합니다. (p40 참고, 푸드프로세서를 사용할 경우 냉장 상태로
차갑게 조각내어 준비합니다.)

02. 전란은 실온 상태로 준비합니다.

03. 가루류(박력분, 아몬드파우더)는 함께 체쳐서 준비합니다.

04. 반죽을 밀어 펴기 편하도록 밀대와 유산지를 준비합니다.

05. 타공 팬과 실리콘 타공 매트를 준비합니다. (p130 참고)

06. 오븐은 160도로 예열합니다.

[만들기]

1. 버터를 주걱으로 풀어줍니다. (p40 참고) 이때 버터에 공기가 너무 많이 들어가지 않도록 하는 것이
   좋습니다. 공기가 많이 들어간 쿠키 반죽은 반죽이 부풀고 울퉁불퉁하게 구워질 수 있습니다.

2. 1의 부드럽게 풀어진 버터에 분당을 조금씩 나누어 넣으며 섞어줍니다.
   분당을 나누어 넣는 이유는 한번에 넣었을 경우 버터가 순간적으로 단단해져서 분당을 풀어주기가
   어렵기 때문입니다. 이 책 분량의 레시피일 경우 약 3~5회 정도로 나누어 넣으며 버터에 분당을
   혼합합니다.

3. 전란을 2~3회에 나누어 넣고 섞습니다. 차가운 전란을 사용하면 반죽이 분리될 수 있으므로 실온의
   전란을 사용하여 잘 섞이도록 합니다.

4. 3의 반죽에 체쳐둔 가루를 한번에 넣고 주걱으로 자르듯 섞습니다.
   쿠키 반죽은 보통 밀가루의 글루텐을 많이 형성하지 않도록 하기 위해서 주걱의 날 부분을 사용하여
   가루를 자르듯 섞어줍니다. 글루텐이 많이 형성되면 좀 더 단단하고 딱딱한 식감으로 완성되니
   주의합니다. (p41 참고)

5. 날가루가 보이지 않고 반죽이 조금씩 뭉치기 시작하는 소보로와 같은 형태가 되면 반죽을 작업대에
   내려놓습니다.

[푸드프로세서 이용해서 만들기]

1~5까지의 공정은 푸드프로세서를 이용하여 간단히 만들 수 있어요. 이 책에서는 좀 더 손쉽게 작업할 수 있도록 손으로 직접 작업하는 방식과 기계를 이용하는 방식 두 가지를 소개하고 있습니다. 찍는 쿠키 레시피의 경우에는 버터, 분당, 가루류를 한번에 넣어 푸드프로세서를 작동해서 버터가 잘게 잘라진 형태가 되면 전란을 넣어 다시 작 동합니다. 5의 소보로 상태가 완성됩니다. 단 기계를 사용하기 때문에 버터를 포마드 상태로 시작하면 버터가 많이 녹을 수 있으므로 버터를 차갑게 조각내어 준비하는 것 이 좋습니다. 소보로 상태가 되면 동일하게 작업대에 내려 다음 단계로 진행합니다.

6. 반죽을 빠르게 그리고 최소한의 혼합으로 한 덩이로 뭉치기 위해서는 작업대 위에서 반죽을 누르듯이 펼쳐주는 프라제 작업이 필요합니다. (p17 참고) 한 덩이로 뭉쳐서 반죽을 완성합니다.

7. 완성된 반죽은 한 덩이로 뭉쳐 냉동고에 30분 정도 휴지합니다.
   (휴지할 때에는 완성된 시간을 메모해 두면 편리합니다. 냉장보다 냉동으로 30분 휴지하면 나중에 밀어 펼 때 빨리 부드러워지지 않아요)

8. 단단해진 반죽을 유산지 위에 5mm 두께로 균일하게 밀어 펴줍니다. 밀어 편 반죽이 아직 단단한 상태라면 바로 쿠키커터로 찍어도 좋고, 반죽이 부드러워졌다면 잠깐 다시 냉장고에 휴지한 후 꺼내어 단단해졌을 때 찍는 것이 훨씬 깨끗하게 완성할 수 있어요.

9. 모양 쿠키커터로 찍어낸 반죽을 팬닝하여 굽습니다. (160도 20분) 찍는 쿠키의 경우 얇고 넓은 형태가 많기 때문에 반죽의 가운데 부분에서 증기가 밖으로 빠져나가지 못하면 표면이 울퉁불퉁하게 구워질 수 있어요. 반죽에 포크로 구멍을 내서 굽거나 구멍낸 형태를 원하지 않을 경우 반죽 밑으로 증기가 빠질 수 있는 타공 팬과 타공 매트를 사용하는 것이 좋습니다. (p130 참고) 구워져 나오면 식힘망에 올려 식힙니다.
   모양 커터로 커팅된 반죽은 필요한 경우 냉동 보관할 수 있고, 밀폐하여 냉동고에 보관하였다가 필요할 때 구워 내어 완성할 수 있습니다. (p42 참고)

9-1

9-2

9-3

빚는 쿠키

스노우볼 쿠키
지름 3㎝ 볼 형태의 쿠키 약 30개 분량, 160도 25분

동글동글 빚어서 만드는 이 쿠키는 '스노우볼'이라는 제품이 대표적입니다. 보통은 달걀 등의 수분 재료가 들어가지 않거나 매우 적게 들어가고, 견과류 가루를 사용하여 만들어서 고소하고 부드럽게 부서지는 식감이 매력적인 제품입니다. 성형하기가 좋은 제형의 반죽으로 완성되기 때문에 동그랗게 빚어서 완성하고, 다른 쿠키에 비해 비교적 두꺼운 볼 형태이기 때문에 조금 낮은 온도에 오래 구워서 반죽 안쪽까지 잘 익히는 것이 좋습니다. 부재료나 맛을 내는 재료 등을 달리하여 다양한 레시피를 만들어 보는 것도 좋아요. 이 책에서는 빚는 쿠키의 기본 레시피를 이용하여 율무, 흑임자, 아몬드 스노우볼을 제안하고 있습니다. (p68 참고) 빚는 쿠키의 기본 제법을 익힌 후 여러 가지 맛의 스노우볼도 만들어 보세요.

INGREDIENT

버터 83g

-

분당 23g

-

박력분 95g
아몬드파우더 50g

[준비]

01. 버터는 포마드 상태로 준비합니다. (p40 참고, 푸드프로세서를 사용할 경우 냉장 상태로 차갑게 조각내어
준비합니다.)

02. 가루류(박력분, 아몬드파우더)는 함께 체쳐서 준비합니다.

03. 오븐은 160도로 예열합니다.

[만들기]

1. 버터를 주걱으로 풀어줍니다. (p40 참고) 이때 버터에 공기가 너무 많이 들어가지 않도록 하는 것이 좋습니다. 공기가 많이 들어간 쿠키 반죽은 반죽이 부풀고 울퉁불퉁하게 구워질 수 있습니다.

2. 1의 부드럽게 풀어진 버터에 분당을 조금씩 나누어 넣으며 섞어줍니다. 이 책 분량의 레시피일 경우 약 3~5회 정도로 나누어 넣으며 버터에 분당을 혼합합니다.

3. 2의 반죽에 체쳐둔 가루를 한번에 넣고 주걱으로 자르듯 섞습니다. 쿠키 반죽은 보통 밀가루의 글루텐을 많이 형성하지 않도록 하기 위해서 주걱의 날 부분을 사용하여 가루를 자르듯 섞어줍니다. 글루텐이 많이 형성되면 좀 더 단단하고 딱딱한 식감으로 완성되니 주의합니다. (p41 참고)

4. 날가루가 보이지 않고 반죽이 조금씩 뭉치기 시작하는 소보로와 같은 형태가 되면 반죽을 작업대에 내려놓습니다.

5. 반죽을 빠르게 그리고 최소한의 혼합으로 한 덩이로 뭉치기 위해서는 작업대 위에서 반죽을 누르듯이 펼쳐주는 프라제 작업이 필요합니다. (p17 참고) 한 덩이로 매끄럽게 섞이면 완성입니다. 완성된 반죽은 랩을 씌워 냉장고에 30분 휴지합니다.

[푸드프로세서 이용해서 만들기]
1~4까지의 공정은 푸드프로세서를 이용하여 간단히 만들 수 있어요. 이 책에서는 좀 더 손쉽게 작업할 수 있도록 손으로 직접 작업하는 방식과 기계를 이용하는 방식 두 가지를 소개하고 있습니다. 빚는 쿠키 레시피의 경우에는 버터, 분당, 가루류를 한번에 넣어 푸드프로세서를 작동하면 4의 소보로 상태가 완성됩니다. 단 기계를 사용하기 때문에 버터를 포마드 상태로 시작하면 버터가 많이 녹을 수 있으므로 버터를 차갑게 조각내어 준비하는 것이 좋습니다. 소보로 상태가 되면 동일하게 작업대에 내려 다음 단계로 진행합니다.

5-1

5-2

6. 완성된 반죽은 9g씩 분할하여 성형 준비를 합니다.

7. 분할된 반죽은 원형 볼 형태로 성형하여 팬닝하여 굽습니다.
(160도 25분) 구워져 나오면 식힘망에 올려 식힙니다.
성형까지 완료된 반죽은 필요한 경우 냉동 보관할 수 있고, 밀폐하여
냉동고에 보관하였다가 필요할 때 구워 내어 완성할 수 있습니다.
(p42 참고)

7-1

7-2

7-3

짜는 쿠키

버터 쿠키
3.5㎝×5.5㎝ 쿠키 약 30개 분량, 150도 22분

짜는 타입의 쿠키는 보통 상대적으로 버터 양이 많아 좀 더 진한 버터의 풍미와 특유의 식감을 가지기 때문에 버터 쿠키로 알려져 있어요. 다른 쿠키에 비해 가루의 양이 적고 달걀이 비교적 많이 들어가서 반죽이 부드럽게 완성되는 특성 때문에 다른 성형법으로 만들기가 쉽지 않아 모양 깍지 등으로 짜서 형태를 만듭니다. 또한 이러한 배합의 차이 때문에 완성된 쿠키의 식감은 다른 쿠키에 비해 비교적 부드럽게 부서지고 가벼워요. 다른 쿠키들에 비해 만들 때 공기를 조금 포함시키며 저어주는 것이 좋고, 이는 반죽을 부드럽게 해주어 반죽을 모양내서 짤 때 좀 더 편하게 작업할 수 있게 도와줍니다. 다양한 형태와 맛으로 응용하기 좋은 짜는 쿠키의 맛있는 기본 레시피를 함께 만들어 볼게요.

INGREDIENT

버터 150g

-

분당 63g

-

흰자 38g

-

박력분 150g
아몬드파우더 30 g

[준비]

01. 버터는 포마드 상태로 준비합니다. (p40 참고)

02. 흰자는 실온 상태로 준비합니다.

03. 가루류(박력분. 아몬드파우더)는 함께 체쳐서 준비합니다.

04. 반죽은 짜기 위해 짤주머니와 별 모양 깍지를 준비합니다.

05. 오븐은 150도로 예열합니다.

[만들기]

1. 버터를 주걱으로 풀어줍니다. (p40 참고)

2. 1의 부드럽게 풀어진 버터에 분당을 조금씩 나누어 넣으며
섞어줍니다. 이 책 분량의 레시피일 경우 약 3~5회 정도로 나누어
넣으며 버터에 분당을 혼합합니다.

3. 흰자를 2~3회에 나누어 넣고 섞습니다. 차가운 흰자를 사용하면
반죽이 분리될 수 있으므로 실온의 흰자를 사용하여 잘 섞이도록
합니다.
짜는 쿠키의 경우 반죽의 완성 상태가 공기 포집이 약간 되어 있는
부드러운 상태인 것이 좋습니다. 부드러운 반죽은 짤주머니에 담아
짜기 좋기 때문입니다. 그러기 위해서는 주걱을 사용하여 분당을
섞을 때 좀 더 휘저어 주거나 양이 많아질 경우 주걱 대신 거품기를
사용하는 것도 괜찮습니다.

4. 3의 반죽에 체쳐둔 가루를 한번에 넣고 주걱으로 자르듯 섞습니다.
쿠키 반죽은 보통 밀가루의 글루텐을 많이 형성하지 않도록 하기
위해서 주걱의 날 부분을 사용하여 가루를 자르듯 섞어줍니다.
(p41 참고)

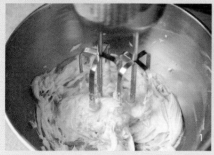  

[핸드믹서 이용해서 만들기]

1~3까지의 공정은 핸드믹서를 이용하여 간단히 만들 수 있어요. 이 책에서는 좀 더 손쉽게 작업할 수 있도록 손으로 직접 작업하는 방식과 기계를 이용하는 방식 두 가지를 소개하고 있습니다. 짜는 쿠키 레시피의 경우에는 다른 쿠키에 비해 비교적 가루 양이 적고, 버터와 수분량이 많은 반죽으로 푸드프로세서를 이용하여 앞의(자르는 쿠키, 찍는 쿠키, 빚는 쿠키) 쿠키와 동일하게 반죽할 경우 버터가 밀가루와 지나치게 오래 혼합되면서 가루의 글루텐 형성을 과하게 방해하여 너무 쉽게 부스러지는 식감이 될 수 있습니다. 그래서 푸드프로세서를 사용하지 않고 가루를 섞기 전 상태까지 핸드믹서를 이용하여 공기 포집을 하며 작업하는 것이 유리합니다. 양이 많아지거나 좀 더 쉽게 작업하기 위해서는 1~3단계까지 핸드믹서 저속으로 작업합니다.

5-1

5-2

5-3

5-4

5. 날가루가 보이지 않고 반죽이 뭉칠 때까지 섞습니다. 짜는 쿠키의 반죽은 다른 반죽에 비해
부드러운 상태로 완성되며, 수분이 많고 가루가 적은 배합으로 따로 휴지가 필요하지 않습니다. 바로
짤주머니에 담아 원하는 모양으로 짜서 팬닝합니다. (이 책에서는 별깍지를 사용하였으며 시트 밑에 원하는
크기의 재단선을 깔고 짜주면 모양을 균일하게 짤 수 있습니다.)

6. 짠 반죽은 바로 굽습니다. (150도 22분) 구워져 나오면 식힘망에 올려 식힙니다.
모양내서 짠 반죽은 밀폐용기에 담아 냉동 보관이 가능하며, 필요할 때 구워 내어 완성할 수
있습니다. (p42 참고)

38

1 재료의 계량을 정확히 합니다.

제과에서 계량은 기본이며 가장 중요한 공정 중 하나입니다. 모든 재료의 계량은 정확하게 해주세요. 특히 베이킹파우더, 베이킹소다 등의 팽창제 등은 0.1g 차이로도 결과물의 상태를 다르게 할 수 있어요. 이 책에서는 팽창제나 향신료의 경우 0.1g 단위로 계량을 해두고 있으며 번거롭더라도 꼭 정확한 계량으로 제대로 된 제품으로 완성하기를 바랍니다.

2 재료 각각이 사용되는 이유를 정확히 압니다.

베이킹은 각각의 재료가 섞여 저마다의 역할과 특징에 의
해 맛과 식감을 만드는 재미있고 과학적인 영역입니다.
각각의 재료 특성을 바로 알고 제품을 만든다면 '왜 이
런 식감의 쿠키에는 재료 배합이 이렇게 되어 있는지' '왜
이 순서대로 섞어야 하는지 등'을 이해하기 좋겠지요. 혹
은 내가 원하는 식감과 맛을 위해 어떤 재료를 조절해볼
지 등에 대한 힌트를 얻기도 좋습니다. 쿠키에 사용되는
각각의 재료에 대한 역할과 특징은 이 책의 재료(p128) 부
분에 소개되어 있습니다. 또한 이 책의 쿠키 마스터클래
스에 소개한 네 종류 형태의 쿠키(자르는 쿠키, 찍는 쿠키,
빚는 쿠키, 짜는 쿠키)의 레시피를 확인해 보며 재료 배합
의 차이를 비교해 보는 것도 재료의 역할을 이해하는데
도움이 됩니다.

3 공정을 꼭 지켜주세요.

간단한 재료와 공정의 제품일수록 각 공정이 섬세하게 진
행되어야 하는 경우가 많습니다. 쿠키는 재료 배합의 차
이가 약간 바뀌거나 재료 넣는 순서 혹은 섞는 방법이 조
금씩 달라져도 다른 식감의 결과물이 나오는 경우가 많기
때문에 각 제품의 레시피를 참고하여 공정과 제법을 지켜
주세요.
하지만 걱정할 필요는 없어요. 쿠키는 비교적 만들기 쉬
운 편이고 휘리릭 만들어도 크게 망치지는 않는 제품이에
요. 걱정하지 말고 편하고 즐겁게 시작하되 공정 부분에
서 좀 더 신경써서 만든다면 각각의 가장 맛있는 베스트
식감을 찾을 수 있을 겁니다.

4 버터의 포마드 상태 알기

일반적인 버터 베이스의 쿠키를 만들기 위해서는 버터의 상태를 잘 아는 것이 중요합니다. 버터
는 온도에 따라 단단하고 부드러운 정도가 달라지는 점토와 같은 특성을 가진 재료이므로, 쿠키
를 만드는 과정에서 반죽이 부드러워졌다면 버터의 상태가 너무 녹은 것일 수 있고, 반대로 반
죽이 너무 단단하게 되었다면 반죽 온도가 낮아 버터가 차가워졌기 때문입니다. 반죽의 적당한
온도와 되기를 맞춰 작업해야 분리되지 않고 모든 재료가 잘 섞인 제대로 된 반죽을 만들 수 있
습니다. 사진과 같이 부드럽고 적당히 윤기가 나는 버터 상태를 꼭 만들어서 작업을 시작해 주
세요. (예외로 푸드프로세서를 이용해 제품을 만드는 경우에는 부드러운 버터를 사용하면 기계
에서 발생하는 마찰열로 버터가 오히려 빨리 녹을 수 있으니 푸드프로세서를 사용하는 경우에
는 차가운 냉장 상태의 버터를 조각내어 사용하는 것이 좋습니다. 푸드프로세서 사용의 경우는
각 레시피에 방법이 표시되어 있으니 참고해 주세요.)

5   가루를 자르듯 섞어야 하는 이유

제과 제품을 만들 때에 "가루를 주걱을 사용하여 자르듯 섞어주세요."라는 말을 많이 듣습니다. 여기서 자르듯 섞는다는 것은 말 그대로 가루를 주걱의 면으로 누르듯 섞지 않고 주걱의 날부분을 이용해서 잘라주듯 섞는 것을 말합니다. 밀가루는 수분과 결합하면서 글루텐을 형성하게 되는데 이때 과도하게 치대듯 섞으면 글루텐이 원하는 것보다 많이 형성되어 좀 더 질기고 딱딱한 반죽으로 완성될 수 있고, 글루텐이 너무 적게 형성될 경우에는 부스러지는 식감의 제품으로 완성될 수 있습니다. 보통 쿠키는 딱딱하고 질긴 식감보다는 가볍게 부서지는 식감으로 완성되어야 하기 때문에 자르듯 섞어서 완성하며, 가루를 섞는 시간도 짧게 하여 빠르게 완성하는 것이 과도한 글루텐 생성을 피할 수 있는 방법입니다.

6 냉장 휴지가 필요한 이유

부드러운 버터로 만들어진 반죽은 완성되었을 때 보통 성형이 어려운 무른 상태로 완성됩니다. 그럴 경우 바로 성형하기 어렵기 때문에 냉장 휴지 후 반죽이 단단해졌을 때 꺼내어 원하는 형태로 성형하는 것이 수월합니다. 또한 보통의 쿠키 반죽은 글루텐을 많이 형성시키지 않도록 많이 젓지 않고 빠르게 작업하기 때문에, 반죽 내에 완벽하게 수분이 분포되지 않은 상태로 반죽이 완성되게 됩니다. 이때 냉장 휴지를 하게 되면 반죽내 수분이 골고루 분포하는 데에 도움이 되며 또한 바로 냉장고에 넣어 반죽의 온도를 떨어뜨리면 글루텐이 역시 과도하게 형성되는 것을 막는 데에 도움이 됩니다.

7 냉동 보관이 가능한 쿠키 반죽

쿠키 반죽은 냉동 보관하고 필요할 때 구울 수 있습니다. 보통 아이스박스 쿠키의 형태만 냉동 가능하다고 생각할 수 있는데 다른 쿠키도 냉동이 가능해요. 다만 반죽 자체를 냉동하였다 해동하여 성형하는 과정에서 반죽이 단단해서 모양을 잡기가 어렵다거나 억지로 풀어서 반죽하다가 반죽의 상태가 나빠질 수 있기 때문에 모든 성형을 마친 후 냉동하는 것을 권장합니다. 예를 들어 자르는 쿠키의 경우는 막대 모양으로 냉동하여 굽기전 잘라서 굽고, 찍는 쿠키는 밀대로 밀어서 원하는 모양으로 찍어낸 상태로 냉동합니다. 빚는 쿠키는 동그랗게 빚어준 모양 그대로 냉동하고, 짜는 쿠키 역시 모양내서 짜준 형태 그대로 냉동하였다가 필요할 때 냉동실에서 꺼내서 구울 수 있습니다. 일반적인 쿠키는 그렇게 덩치가 큰 반죽이 아니기 때문에 따로 해동을 필요로 하지 않으며 예열된 오븐에 바로 팬닝하여 굽되 구움색을 확인하며 1~2분 정도 더 구워줍니다.

8   굽는 온도와 시간에 대해서

쿠키는 비교적 굽는 것이 어렵거나 까다로운 제품은 아니지만 꽤 많은 분들이 쿠키의 굽는 온도에 대해 질문을 합니다. 일반적인 쿠키는 160~180도 사이에서 굽되 두께가 얇고 크기가 작은 것은 높은 온도에서 짧게, 조금 두껍거나 크기가 큰 것의 경우는 온도를 낮추어 오래 굽습니다. 오븐마다 창에 보이는 온도와 내부 온도가 다른 경우도 많고 오차도 심하기 때문에 무조건 표기된 온도를 맞춰 굽기보다는 완성된 제품의 구움색을 확인하고 비슷한 색이 될 때까지 굽는 것이 가장 좋습니다. 중간에 쿠키 한 개 정도를 잘라 속까지 잘 익었는지를 확인하는 것도 방법입니다. 덜 익은 쿠키는 날 밀가루의 맛이 날 수 있고, 색이 과하게 난 쿠키는 탄 맛이 나서 고유의 풍미가 많이 가려질 수 있으니 주의합니다.

초코칩 쿠키

Chocolate chip Cookie

분량 지름 약 8㎝ 쿠키 15개
온도 170도 11분

쿠키하면 가장 먼저 떠오르는 것은 달콤한 초콜릿이 투박하게 올라간 초코칩 쿠키라고 생각합니다. 버터와 밀가루, 초콜릿 그리고 견과류의 조합인 정말 맛있는 초코칩 쿠키. 누구나 좋아할 수 밖에 없죠. 보통 미국식 베이킹에서 많이 활용하기 때문에 알려진 레시피들은 우리에게는 다소 달고 자극적으로 느껴지는 경우가 많습니다. 우리는 정말 맛있는 초코칩 쿠키를 보여드리고 싶어서 많은 테스트를 거쳤습니다. 기분 좋은 정도의 적당한 당도와 고소한 견과류가 있어 겉은 바삭하고 속은 촉촉한 초코칩 쿠키를 소개합니다. 이 레시피 하나면 충분하다고 자신 있게 말씀드릴 수 있어요.

INGREDIENT

버터 90g
-
설탕 56g
흑설탕 52g
-
전란 32g
-
중력분 129g
베이킹소다 1.3g
소금 1.6g
-
청크초콜릿칩 58g
다크초콜릿 커버처 58g
호두 분태 77g

[준비]

01. 버터는 포마드 상태로 준비합니다. (p40 참고. 푸드프로세서를 사용할 경우 냉장 상태로 차갑게 조각내어 준비합니다.)

02. 전란은 실온 상태로 준비합니다.

03. 가루류(중력분. 베이킹소다. 소금)은 함께 체쳐서 준비합니다.

04. 설탕과 흑설탕은 함께 계량하여 섞어둡니다.

05. 다크초콜릿은 청크초콜릿칩과 비슷한 사이즈로 잘라서 준비합니다.

06. 호두 분태는 로스팅(170도 10분) 후 식혀서 준비합니다.

[만들기]

1. 버터를 주걱으로 포마드 상태로 풀어줍니다. (p40 참고)

2. 1의 부드럽게 풀어진 버터에 설탕. 흑설탕을 조금씩 나누어 넣으며 섞어줍니다. 이 책 분량의 레시피일 경우 3~5회 정도로 나누어 넣으며 버터에 설탕이 어느 정도 섞이면 더 넣고 섞기를 반복합니다.

3. 2의 반죽에 전란을 조금씩 넣으며 섞습니다. 조금씩 나누어 넣으며 분리되지 않도록 합니다.

4. 3의 반죽에 체쳐둔 가루를 한번에 넣고 주걱으로 자르듯 섞습니다. (p41 참고) 날가루가 보이지 않을 때까지 섞어줍니다.

[푸드프로세서 이용해서 만들기]

1~4까지의 공정은 푸드프로세서를 이용하여 간단히 만들 수 있어요. 버터, 설탕, 가루류를 한번에 넣어 푸드프로세서를 작동해서 버터가 잘게 잘라진 형태가 되면 전란을 넣어 다시 작동합니다. 4의 날가루가 보이지 않는 상태가 되면 반죽을 기계에서 꺼내어 5단계로 진행합니다. (단 기계를 사용하기 때문에 버터를 포마드 상태로 시작하면 버터가 많이 녹을 수 있으므로 버터를 차갑게 조각내어 준비하는 것이 좋습니다.)

5-1

5-2

5. 날가루가 보이지 않고 반죽이 조금씩 뭉치기 시작하는 정도가 되면
   부재료(청크초콜릿칩, 다크초콜릿 커버처, 호두 분태) 를 넣고 섞어서 반죽을
   완성합니다.

6. 반죽을 가볍게 뭉쳐 철판에 올리고 살짝 눌러서 팬닝합니다. (이 반죽은
   휴지가 필요 없으며, 반죽이 조금 퍼지는 타입이므로 많이 눌러서 성형할 필요가
   없어요. 얇고 큰 형태의 쿠키를 원한다면 더 눌러서 팬닝해도 좋아요.)

7. 170도로 예열된 오븐에 11분 굽습니다. 구워서 나오면 식힘망에 올려
   식힙니다.

* 쿠키 만들기는 모두 기본적으로 같은 공정으로 진행되므로 p10의 쿠키
  마스터클래스를 참고해서 만듭니다.

6-1

6-2

세 가지 사블레

Sablé Cookie

분량 각 지름 3㎝×두께 1.5㎝ 쿠키 약 30개
온도 160도 25분

사블레sablé는 프랑스어로 모래, 또는 모래와 같이 바삭바삭한 것을 의미합니다. 한 입 베어 물면 모래처럼 가볍게 부서지는 사블레는 여러 가지 쿠키 중에서도 특별히 의도하는 식감이 잘 만들어졌을 때 완성도가 높아지는 제품이라고 생각합니다. 그래서 특별히 더 애정을 가지고 있는 쿠키이기도 해요. 우리는 해피해피케이크 디저트숍에서도 몇 가지 맛의 사블레를 제작하여 판매하고 있습니다. 잘 잡혀진 모양도 중요하지만 이름과 같은 특유의 식감을 내는 것, 사블레의 식감과 어울리는 맛의 레시피를 만드는 것에 집중하여 맛있는 세 가지 사블레를 제안합니다. 특별한 조합의 세 가지 인생 사블레가 될 수 있기를 바랍니다.

흑설탕&호두 사블레

버터 86g

-

흑설탕 43g

-

노른자 18g

-

박력분 62g
강력분 86g
시나몬파우더 1.7g

-

호두 분태 26g

마무리용

설탕 적당량

[준비]

01. 버터는 포마드 상태로 준비합니다. (p40 참고. 푸드프로세서를 사용할 경우 냉장 상태로 차갑게 조각내어
　　　준비합니다.)

02. 노른자는 실온 상태로 준비합니다.

03. 가루류(박력분. 강력분. 시나몬파우더)는 함께 체쳐서 준비합니다.

04. 호두 분태는 로스팅(170도 10분) 후 식혀서 준비합니다.

05. 마무리용 설탕은 완성된 사블레 반죽에 묻히기 쉽도록 넓은 트레이에 준비합니다.

06. 오븐은 160도로 예열합니다.

52

[만들기]

* 사블레 쿠키는 쿠키 마스터클래스의 자르는 쿠키 p12를 참고하여 만들면 좋아요.

1. 버터를 주걱으로 풀어줍니다. (p40 참고)

2. 1의 부드럽게 풀어진 버터에 흑설탕을 조금씩 나누어 넣으며 섞어줍니다. 약 3~5회 정도로 나누어
넣으며 버터에 흑설탕을 혼합합니다.

3. 노른자를 한번에 넣고 섞습니다.

4. 3의 반죽에 체쳐둔 가루를 한번에 넣고 주걱으로 자르듯 섞습니다.
쿠키 반죽은 보통 글루텐을 많이 형성하지 않도록 하며, 글루텐이 많이 형성되면 좀 더 단단하고
딱딱한 식감으로 완성됩니다. 사블레의 경우 특히 글루텐이 많이 형성될 경우 사블레의 모래 같은
식감이 아닌 딱딱한 덩어리 느낌의 쿠키가 될 수 있으니 가루를 섞을 때 주의합니다. (p41 참고)

5. 날가루가 보이지 않고 반죽이 조금씩 뭉치기 시작하는 소보로와 같은 형태가 되면 로스팅한 호두
분태를 가볍게 섞습니다.

5

[푸드프로세서 이용해서 만들기]

1~4까지의 공정은 푸드프로세서를 이용하여 간단히 만들 수 있어요. 이 책에서는 좀 더 손쉽게 작업할 수 있도록 손으로 직접 작업하는 방식과 기계를 이용하는 방식 두 가지를 소개하고 있습니다. 사블레 레시피의 경우에는 버터, 설탕, 가루류를 한번에 넣어 푸드프로세서를 작동해서 버터가 잘게 잘라진 형태가 되면 노른자를 넣어 다시 작동합니다. 5의 소보로 상태가 완성됩니다. 단 기계를 사용하기 때문에 버터를 포마드 상태로 시작하면 버터가 많이 녹을 수 있으므로 버터를 차갑게 조각내어 준비하는 것이 좋습니다. 소보로 상태가 되면 동일하게 작업대에 내려 다음 단계로 진행합니다.

54

6. 프라제 작업으로 (p17 참고) 반죽을 한 덩이로 뭉쳐서 완성합니다.

7. 완성된 반죽은 조금 부드러운 상태이므로 바로 성형하기에는 모양이 잘 잡히지 않을 수 있습니다. 대강 두 덩이로 나누어 냉장고에 30분 정도 휴지합니다.

8. 단단해진 반죽을 지름 2.5㎝ 원기둥 모양으로 성형합니다. 매끈한 표면을 위해서는 유산지 등으로 표면을 감싸서 모양을 잡아주면 좋고, 모양이 잘 잡혔다면 냉동실에 두어 자르기 좋은 단단한 상태가 되도록 굳힙니다. (구워지면서 약간 부풀기 때문에 쿠키의 지름은 약 3㎝로 완성됩니다.)

9. 단단하게 자르기 좋은 상태가 된 반죽은 설탕이 잘 묻을 수 있도록 젖은 행주로 표면을 촉촉하게 한 후, 준비된 마무리용 설탕을 묻히고 1.5㎝ 정도의 두께로 잘라서 굽습니다. (160도 25분) 구워져 나오면 식힘망에 올려 식힙니다.

9-1

9-2

9-3

커피&코코넛 사블레

버터 86g

-

설탕 52g

-

노른자 18g

-

박력분 69g
강력분 23g
코코넛파우더 48g
원두파우더 10g

마무리용

설탕 100g
코코넛파우더 25g

[준비]

01. 버터는 포마드 상태로 준비합니다. (p40 참고. 푸드프로세서를 사용할 경우 냉장 상태로 차갑게 조각내어
준비합니다.)

02. 노른자는 실온 상태로 준비합니다.

03. 원두는 분쇄하여 (아몬드파우더 정도의 입자 크기) 파우더 상태로 준비합니다.

04. 가루류(박력분. 강력분. 코코넛파우더. 원두파우더)는 함께 체쳐서 준비합니다.

05. 마무리용 설탕은 코코넛파우더와 섞어서 완성된 사블레 반죽에 묻히기 쉽도록 넓은 트레이에
준비합니다.

06. 오븐은 160도로 예열합니다.

* 만들기는 세 가지 사블레 모두 동일하므로 흑설탕&호두 사블레와 동일합니다.

* 쿠키 마스터클래스의 자르는 쿠키 p12를 참고하여 만들면 좋아요.

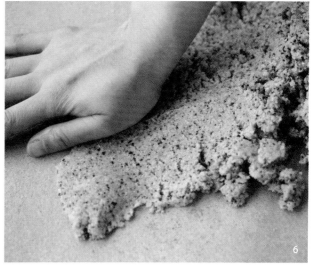

무화과&메이플 사블레

버터 86g

-

메이플슈거 35g

-

전란 6g

-

박력분 95g
강력분 10g
통밀가루 28g
소금 1g

-

무화과 26g
(껍질을 제거한 반건조 무화과)

마무리용

설탕 적당량

[준비]

01. 버터는 포마드 상태로 준비합니다. (p40 참고, 푸드프로세서를 사용할 경우 냉장 상태로 차갑게 조각내어
준비합니다.)

02. 전란은 실온 상태로 준비합니다.

03. 가루류(박력분. 강력분. 통밀가루. 소금)은 함께 체쳐서 준비합니다.

04. 반건조 무화과는 껍질을 제거하고 씨 부분만 26g 준비합니다.

05. 마무리용 설탕은 완성된 사블레 반죽에 묻히기 쉽도록 넓은 트레이에 준비합니다.

06. 오븐은 160도로 예열합니다.

* 만들기는 세 가지 사블레 모두 동일하므로 흑설탕&호두 사블레와 동일합니다.

* 쿠키 마스터클래스의 자르는 쿠키 p12를 참고하여 만들면 좋아요.

5

7

오트밀 쿠키
Oatmeal Cookie

분량 지름 8㎝ 쿠키 약 15개
온도 170도 10분

오트밀 쿠키에는 보통 다양한 부재료를 듬뿍 넣어서 만듭니다. 다양한 견과류를 담거나 새콤달콤한 건과일을 여러 가지 넣어도 좋아요. 코코넛을 더해 주면 특유의 쫀득한 식감과 풍미를 더할 수 있습니다. 상대적으로 일반 쿠키에 비해 버터와 밀가루 등의 기본 재료보다 부재료가 많기 때문에 쿠키 자체의 공정을 지키며 만든다기 보다는 모든 재료를 잘 섞는 느낌으로만 만들면 어렵지 않게 완성할 수 있어요. 오트밀 담백한 맛과 다양한 부재료가 결합된 건강하고 맛있는 오트밀 쿠키를

INGREDIENT

버터 100g
-
흑설탕 70g
-
전란 30g
-
강력분 50g
중력분 40g
소금 1g
시나몬파우더 0.7g
베이킹소다 1.4g
-
오트밀 95g
건포도 40g
건크랜베리 50g
코코넛롱 20g
피칸 분태 30g

[준비]

01. 버터는 포마드 상태로 준비합니다. (p40 참고. 푸드프로세서를 사용할 경우
     냉장 상태로 차갑게 조각내어 준비합니다.)

02. 전란은 실온 상태로 준비합니다.

03. 가루류(강력분, 중력분, 소금, 시나몬파우더, 베이킹소다)는 함께 체쳐서
     준비합니다.

04. 피칸 분태는 로스팅 (170도 10분) 후 식혀서 준비합니다.

05. 오븐은 170도로 예열합니다.

[만들기]

1. 버터를 주걱으로 포마드 상태로 풀어줍니다. (p40 참고)

2. 1의 부드럽게 풀어진 버터에 흑설탕을 조금씩 나누어 넣으며 섞어줍니다.
   이 책 분량의 레시피일 경우 3~5회 정도로 나누어 넣으며 버터에
   흑설탕이 어느 정도 섞이면 더 넣고 섞기를 반복합니다.

3. 2의 반죽에 전란을 조금씩 넣으며 섞습니다. 조금씩 나누어 넣으며
   분리되지 않도록 합니다.

4. 3의 반죽에 체쳐둔 가루를 한번에 넣고 주걱으로 자르듯 섞습니다. (p41
   참고) 날가루가 보이지 않을 때까지 섞어줍니다.

[푸드프로세서 이용해서 만들기]

1~4까지의 공정은 푸드프로세서를 이용하여 간단히 만들 수 있어요. 버터, 설탕, 가루
류를 한번에 넣어 푸드프로세서를 작동해서 버터가 잘게 잘라진 형태가 되면 전란을
넣어 다시 작동합니다. 4의 날가루가 보이지 않는 상태가 되면 반죽을 기계에서 꺼내
어 5단계로 진행합니다. (단 기계를 사용하기 때문에 버터를 포마드 상태로 시작하면 버터가 많
이 녹을 수 있으므로 버터를 차갑게 조각내어 준비하는 것이 좋습니다.)

5. 날가루가 보이지 않고 반죽이 조금씩 뭉치기 시작하는 정도가 되면
부재료(오트밀, 건포도, 건크랜베리, 코코넛롱, 피칸 분태)를 넣고 섞어서 반죽을
완성합니다.

6. 반죽을 가볍게 뭉쳐 철판에 올리고 살짝 눌러서 팬닝합니다. (이 반죽은
휴지가 필요 없으며, 반죽이 조금 퍼지는 타입이므로 많이 눌러서 성형할 필요가
없어요. 얇고 큰 형태의 쿠키를 원한다면 더 눌러서 팬닝해도 좋아요)

7. 170도로 예열된 오븐에 10분 굽습니다. 구워져 나오면 식힘망에 올려
식힙니다.

5-1

5-2

6-1

6-2

통밀 쿠키
Whole wheat flour Cookie

분량 5cm×5cm×두께 4mm 정사각형 쿠키 약 20개
온도 160도 20분

담백하고 고소한 맛이 좋은 통밀 쿠키는 다른 쿠키에 비해 단맛이 적고 씹는 맛이 좋아서 쿠키를 좋아하지 않는 분들도 좋아하게 되는 제품입니다. 달콤하고 부드러운 식감보다는 거친 식감이 매력인 제품으로 다른 쿠키와는 차별화되는 맛과 식감 때문에 쿠키 세트에 꼭 포함시키는 제품이기도 해요. 시판 통밀 쿠키를 좋아했던 분이라면 그것보다 깊은 풍미에, 통밀 쿠키를 처음 접한다면 이렇게 건강하고 맛있는 쿠키가 있다는 사실에 놀라게 될 거예요.

INGREDIENT

버터 83g
-
황설탕 44g
-
전란 22g
-
박력분 39g
통밀가루 129g
소금 2g
베이킹파우더 3g

01. 버터는 포마드 상태로 준비합니다. (p40 참고. 푸드프로세서를 사용할 경우 냉장 상태로 차갑게 조각내어
준비합니다.)

02. 전란은 실온 상태로 준비합니다.

03. 가루류(박력분. 통밀가루. 소금. 베이킹파우더)는 함께 체쳐서 준비합니다.

04. 반죽을 밀어 펴기 편하도록 밀대와 유산지를 준비합니다.

05. 타공 팬과 실리콘 타공 매트를 준비합니다. (p130 참고)

06. 오븐은 160도로 예열합니다.

[만들기]

1. 버터를 주걱으로 풀어줍니다. (p40 참고)

2. 1의 부드럽게 풀어진 버터에 황설탕을 조금씩 나누어 넣으며 섞어줍니다. 이 책 분량의 레시피일
경우 약 3~5회 정도로 나누어 넣으며 버터에 황설탕을 혼합합니다.

3. 전란을 2~3회에 나누어 넣고 섞습니다. 분리되지 않도록 주의합니다.

4. 3의 반죽에 체쳐둔 가루를 한번에 넣고 주걱으로 자르듯 섞습니다. (p41 참고)

5. 날가루가 보이지 않고 반죽이 조금씩 뭉치기 시작하는 소보로와 같은 형태가 되면 반죽을 작업대에
내려놓습니다.

[푸드프로세서 이용해서 만들기]
1~5까지의 공정은 푸드프로세서를 이용하여 간단히 만들 수 있어요. 통밀쿠키 레시피의 경우에는 버터, 황설탕, 가
루류를 한번에 넣어 푸드프로세서를 작동해서 버터가 잘게 잘라진 형태가 되면 전란을 넣어 다시 작동합니다. 5의
소보로 상태가 완성됩니다. 단 기계를 사용하기 때문에 버터를 포마드 상태로 시작하면 버터가 많이 녹을 수 있으므
로 버터를 차갑게 조각내어 준비하는 것이 좋습니다. 소보로 상태가 되면 동일하게 작업대에 내려 다음 단계로 진행
합니다.

6. 프라제 작업으로 (p17 참고) 반죽을 한 덩이로 뭉쳐서 완성합니다.

7. 완성된 반죽은 한 덩이로 뭉쳐 냉동고에 30분 정도 휴지합니다. (냉장보다 냉동고에 30분 두는 것이 나중에 밀어 펼 때 빨리 부드러워지지 않아요.)

8. 단단해진 반죽을 유산지 위에 4㎜ 두께로 균일하게 밀어 펴줍니다. 밀어 편 반죽이 아직 단단한 상태라면 바로 재단해도 좋고, 반죽이 부드러워졌다면 잠깐 다시 냉장고에 휴지한 후 꺼내어 단단해졌을 때 재단하는 것이 훨씬 깨끗하게 완성할 수 있어요. 5㎝×5㎝ 정사각형 형태로 재단합니다.

9. 재단한 반죽을 팬닝하여 굽습니다. 반죽에 나무꼬지 등으로 구멍을 내어 증기가 빠져나갈 수 있도록 하고 굽습니다. 혹은 반죽 밑으로 증기가 빠질 수 있는 타공 팬과 실리콘 타공 매트를 사용하는 것이 좋습니다. (p130 참고, 160도 20분) 구워져 나오면 식힘망에 올려 식힙니다.

세 가지 스노우볼
Snowball Cookie

분량 각 약 30개 분량
온도 160도 25분

스노우볼 혹은 눈덩이 의미의 '불드네주boule de neige'라고 불리는 이 쿠키는
동그랗게 빚어 만든 반죽에 하얀 분당을 입혀서 만드는 입안에서 달콤하
게 사르르 부스러지는 제품입니다. 가볍게 부서지는 식감을 만들기 위해
달걀을 넣지 않거나 매우 적게 넣는 경우가 대부분이며, 밀가루와 견과류
가루를 함께 사용하여 글루텐이 덜 형성되게 하는 동시에 다른 쿠키에 비
해 고소한 풍미를 가지게 만듭니다. 우리는 스노우볼의 이런 특성과 어울
리는 세 가지 맛의 쿠키를 만들었습니다. 고소함이 어울리는 아몬드, 율무
와 흑임자를 사용하여 우리 입맛에도 익숙하고 맛있는 세 가지 스노우볼
을 완성했습니다.

아몬드 스노우볼

버터 83g

-

분당 23g

-

박력분 95g
아몬드파우더 50g

-

아몬드슬라이스 17g

마무리용
분당 적당량

[준비]

01. 버터는 포마드 상태로 준비합니다. (p40 참고, 푸드프로세서를 사용할 경우 냉장 상태로 차갑게 조각내어
준비합니다.)

02. 가루류(박력분, 아몬드파우더)는 함께 체쳐서 준비합니다.

03. 마무리용 분당은 쿠키에 묻히기 좋도록 넓은 볼에 준비합니다.

04. 오븐은 160도로 예열합니다.

[만들기]

* 스노우볼 쿠키는 쿠키 마스터클래스의 빚는 쿠키 p26을 참고하여 만들면 좋아요.

1. 버터를 주걱으로 풀어줍니다. (p40 참고)

2. 1의 부드럽게 풀어진 버터에 분당을 조금씩 나누어 넣으며 섞어줍니다.
   이 책 분량의 레시피일 경우 약 3~5회 정도로 나누어 넣으며 버터에
   분당을 혼합합니다.

3. 2의 반죽에 체쳐둔 가루를 한번에 넣고 주걱으로 자르듯 섞습니다. (p41
   참고)

4. 날가루가 보이지 않고 반죽이 조금씩 뭉치기 시작하는 소보로와 같은
   형태가 되면 반죽을 작업대에 내려놓습니다.

[푸드프로세서 이용해서 만들기]

1~4까지의 공정은 푸드프로세서를 이용하여 간단히 만들 수 있어요. 이 책에서는 좀
더 손쉽게 작업할 수 있도록 손으로 직접 작업하는 방식과 기계를 이용하는 방식 두
가지를 소개하고 있습니다. 스노우볼의 경우에는 버터, 분당, 가루류를 한번에 넣어 푸
드프로세서를 작동하면 4의 소보로 상태가 완성됩니다. 단 기계를 사용하기 때문에
버터를 포마드 상태로 시작하면 버터가 많이 녹을 수 있으므로 버터를 차갑게 조각내
어 준비하는 것이 좋습니다. 소보로 상태가 되면 동일하게 작업대에 내려 다음 단계로
진행합니다.

70

5

6

7-1

5. 4의 반죽에 아몬드슬라이스를 가볍게 섞고 프라제 작업을
   시작합니다. (p17 참고) 한 덩이로 매끄럽게 섞이면 완성입니다.
   완성된 반죽은 랩을 씌워 냉장고에 30분 휴지합니다.
6. 완성된 반죽은 9g씩 분할하여 성형 준비를 합니다.
7. 분할된 반죽은 원형 볼 형태로 성형하여 팬닝하여 굽습니다.
   (160도 25분) 구워져 나오면 식힘망에 올려 식힙니다.
8. 한 김 식은 반죽은 준비한 마무리용 분당에 굴려 입혀줍니다.

7-2

8

율무 스노우볼

버터 83g

-

분당 25g

-

박력분 88g
아몬드파우더 17g
율무파우더 42g
소금 0.4g

-

호두 분태 16g
다진 잣 5g

마무리용

분당 40g
율무파우더 30g

[준비]

01. 버터는 포마드 상태로 준비합니다. (p40 참고, 푸드프로세서를 사용할 경우 냉장 상태로 차갑게 조각내어 준비합니다.)

02. 가루류(박력분, 아몬드파우더, 율무파우더, 소금)은 함께 체쳐서 준비합니다.

03. 잣은 다져서 준비합니다.

04. 호두 분태는 로스팅(170도 10분)하여 준비합니다.

05. 마무리용 분당은 율무파우더와 섞어 쿠키에 묻히기 좋도록 넓은 볼에 준비합니다.

06. 오븐은 160도로 예열합니다.

[만들기]

1. 버터를 주걱으로 풀어줍니다. (p40 참고)

2. 1의 부드럽게 풀어진 버터에 분당을 조금씩 나누어 넣으며 섞어줍니다. 이 책 분량의 레시피일 경우 약 3~5회 정도로 나누어 넣으며 버터에 분당을 혼합합니다.

3. 2의 반죽에 체쳐둔 가루를 한번에 넣고 주걱으로 자르듯 섞습니다. (p41 참고)

4. 날가루가 보이지 않고 반죽이 조금씩 뭉치기 시작하는 소보로와 같은 형태가 되면 반죽을 작업대에 내려놓습니다.

[푸드프로세서 이용해서 만들기]

1~4까지의 공정은 푸드프로세서를 이용하여 간단히 만들 수 있어요. 이 책에서는 좀 더 손쉽게 작업할 수 있도록 손으로 직접 작업하는 방식과 기계를 이용하는 방식 두 가지를 소개하고 있습니다. 스노우볼의 경우에는 버터, 분당, 가루류를 한번에 넣어 푸드프로세서를 작동하면 4의 소보로 상태가 완성됩니다. 단 기계를 사용하기 때문에 버터를 포마드 상태로 시작하면 버터가 많이 녹을 수 있으므로 버터를 차갑게 조각내어 준비하는 것이 좋습니다. 소보로 상태가 되면 동일하게 작업대에 내려 다음 단계로 진행합니다.

73

5. 4의 반죽에 호두 분태와 잣 다진 것을 가볍게 섞고 프라제 작업을 시작합니다. (p17 참고) 한 덩이로 매끄럽게 섞이면 완성입니다. 완성된 반죽은 랩을 씌워 냉장고에 30분 휴지합니다.

6. 완성된 반죽은 9g씩 분할하여 성형 준비를 합니다.

7. 분할된 반죽은 원형 볼 형태로 성형하여 팬닝하여 굽습니다. (160도 25분) 구워져 나오면 식힘망에 올려 식힙니다.

8. 한 김 식은 반죽은 준비한 마무리용 '분당+율무파우더'에 굴려 입혀줍니다.

흑임자 스노우볼

버터 83g

-

분당 25g

-

박력분 91g
아몬드파우더 26g
흑임자파우더 34g
소금 0.4g

-

흑임자 12g

마무리용

분당 35g
흑임자파우더 60g
소금 1g

흑임자파우더

흑임자

[준비]

01. 버터는 포마드 상태로 준비합니다. (p40 참고. 푸드프로세서를 사용할 경우 냉장 상태로 차갑게 조각내어
      준비합니다.)

02. 흑임자파우더는 흑임자를 빻거나 갈아서 고운 파우더 상태로 만들어 둡니다.

03. 가루류(박력분, 아몬드파우더, 흑임자파우더, 소금)은 함께 체쳐서 준비합니다.

04. 마무리용 분당은 흑임자파우더, 소금과 섞어 쿠키에 묻히기 좋도록 넓은 볼에 준비합니다.

05. 오븐은 160도로 예열합니다.

[만들기]

1. 버터를 주걱으로 풀어줍니다. (p40 참고)

2. 1의 부드럽게 풀어진 버터에 분당을 조금씩 나누어 넣으며 섞어줍니다. 이 책 분량의
   레시피일 경우 약 3~5회 정도로 나누어 넣으며 버터에 분당을 혼합합니다.

3. 2의 반죽에 체쳐둔 가루를 한번에 넣고 주걱으로 자르듯 섞습니다. (p41 참고)

4. 날가루가 보이지 않고 반죽이 조금씩 뭉치기 시작하는 소보로와 같은 형태가 되면 반죽을
   작업대에 내려놓습니다.

[푸드프로세서 이용해서 만들기]

1~4까지의 공정은 푸드프로세서를 이용하여 간단히 만들 수 있어요. 이 책에서는 좀 더 손쉽게 작업할
수 있도록 손으로 직접 작업하는 방식과 기계를 이용하는 방식 두 가지를 소개하고 있습니다. 스노우볼
의 경우에는 버터, 분당, 가루류를 한번에 넣어 푸드프로세서를 작동하면 4의 소보로 상태가 완성됩니
다. 단 기계를 사용하기 때문에 버터를 포마드 상태로 시작하면 버터가 많이 녹을 수 있으므로 버터를
차갑게 조각내어 준비하는 것이 좋습니다. 소보로 상태가 되면 동일하게 작업대에 내려 다음 단계로 진
행합니다.

5. 4의 반죽에 흑임자를 가볍게 섞고 프라제 작업을
   시작합니다. (p17 참고) 한 덩이로 매끄럽게 섞이면
   완성입니다. 완성된 반죽은 랩에 씌워 냉장고에 30분
   휴지합니다.

6. 완성된 반죽은 9g씩 분할하여 성형 준비를 합니다.

7. 분할된 반죽은 원형 볼 형태로 성형하여 팬닝하여
   굽습니다. (160도 25분) 구워져 나오면 식힘망에 올려
   식힙니다.

8. 한 김 식은 반죽은 준비한 마무리용
   '분당+흑임자파우더+소금'에 굴려 입혀줍니다.

단호박 쿠키
Sweet Pumpkin Cookie

분량 3.5㎝×5.5㎝ 쿠키 약 30개
온도 150도 22분

짜는 타입의 버터 쿠키는 부드러운 식감이 달콤하고 고소한 단호박과 잘 어울립니다. 단호박 가루를 사용하여 진한 단호박 맛과 노란 색감을 내기 때문에 단호박의 풍미도 진하고 만들기도 어렵지 않아요. 특히 쿠키 세트 구성시 포인트를 줄 수 있어 특색있게 만들 수 있어요. 쿠키 클래스마스터 의 짜는 쿠키 만드는 방법을 참고하여 건강하고 맛있는 단호박 쿠키를 만 들어 보세요.

INGREDIENT

버터 150g

-

설탕 63g

-

흰자 42g

-

박력분 165g
단호박파우더 18g
시나몬파우더 1.5g

-

우유 8g
단호박 껍질 간 것 4g

-

단호박 껍질 간 것 적당량

[준비]

01. 버터는 포마드 상태로 준비합니다. (p40 참고)

02. 흰자는 실온 상태로 준비합니다.

03. 가루류(박력분. 단호박파우더. 시나몬파우더)는 함께 체쳐서 준비합니다.

04. 단호박 껍질은 세척한 단호박을 강판에 갈아 준비합니다.

(색감을 내기 위한 재료이므로 생략하여도 무방합니다.)

05. 반죽은 짜기 위해 짤주머니와 별 모양 깍지를 준비합니다.

06. 오븐은 150도로 예열합니다.

[만들기]

* 단호박 쿠키는 쿠키 마스터클래스의 짜는 쿠키 p32를 참고하여 만들면 좋아요.

1. 버터를 주걱으로 풀어줍니다. (p40 참고)

2. 1의 부드럽게 풀어진 버터에 설탕을 조금씩 나누어 넣으며 섞어줍니다.

3. 흰자를 2~3회에 나누어 넣고 섞습니다. 휘퍼를 사용하거나 주걱으로
저어서 공기가 부드럽게 포집되도록 합니다.

[핸드믹서 이용해서 만들기]
양이 많아지거나 좀 더 쉽게 작업하기 위해서는 1~3단계까지 핸드믹서 저속으로 작
업합니다.

4. 3의 반죽에 체쳐둔 가루를 한번에 넣고 주걱으로 자르듯 섞습니다. (p41 참고)

5. 날가루가 보이지 않는 정도가 되면 우유와 단호박 껍질 간 것을 넣고 반죽이 한 덩이로 뭉칠 때까지 섞어줍니다. 짜는 쿠키의 반죽은 다른 반죽에 비해 부드러운 상태로 완성되며, 수분이 많고 가루가 적은 배합으로 따로 휴지가 필요하지 않습니다.

6. 바로 짤주머니에 담아 원하는 모양으로 짜서 팬닝합니다. 반죽 위에 단호박 껍질을 갈아 올려서 모양을 냅니다.

7. 짜진 반죽은 바로 굽습니다. (150도 22분) 구워져 나오면 식힘망에 올려 식힙니다.

5-2

말차 샌드 쿠키
Matcha Sand Cookie

분량 지름 6.2㎝ 원형 샌드 쿠키 15개
온도 150도 8분

조금 특별한 쿠키를 만들고 싶다면 두 개의 쿠키에 크림을 샌드하는 타입의 샌드 쿠키를 만들어 보는 것도 좋아요. 말차를 이용한 쿠키는 향긋한 말차 향이 좋지만 다소 식감이 뻑뻑하게 완성될 수 있기 때문에 얇게 구워 내어 말차 가나슈를 샌드해서 조금 더 부드러운 맛으로 완성해 보았습니다. 쿠키는 바삭하게 굽는 것이 크림을 샌드했을 때 눅눅해지지 않으며, 가나슈 크림은 너무 많이 넣지 않아야 달지 않게 완성할 수 있어요.

INGREDIENT

버터 64g
-
분당 42g
-
전란 26g
-
박력분 110g
아몬드파우더 13g
말차파우더 9g

[준비]

01. 버터는 포마드 상태로 준비합니다. (p40 참고.
　　푸드프로세서를 사용할 경우 냉장 상태로 차갑게 조각내어
　　준비합니다.)

02. 전란은 실온 상태로 준비합니다.

03. 가루류(박력분. 아몬드파우더. 말차파우더)는 함께 체쳐서
　　준비합니다.

04. 반죽을 밀어 펴기 편하도록 밀대와 유산지를
　　준비합니다.

05. 타공 팬과 실리콘 타공 매트를 준비합니다. (p130 참고)

06. 오븐은 150도로 예열합니다.

[만들기]

* 말차 샌드 쿠키는 쿠키 마스터클래스의 찍는 쿠키 p20을 참고하여 만들면 좋아요.

1. 버터를 주걱으로 풀어줍니다. (p40 참고) 이때 버터에 공기가 너무 많이 들어가지 않도록 하는 것이 좋습니다.

2. 1의 부드럽게 풀어진 버터에 분당을 조금씩 나누어 넣으며 섞어줍니다.

3. 전란을 2~3회에 나누어 넣고 섞습니다.

4. 3의 반죽에 체쳐둔 가루를 한번에 넣고 주걱으로 자르듯 섞습니다. (p41 참고)

5. 날가루가 보이지 않고 반죽이 조금씩 뭉치기 시작하는 소보로와 같은 형태가 되면 반죽을 작업대에 내려놓습니다.

[푸드프로세서 이용해서 만들기]

1~5까지의 공정은 푸드프로세서를 이용하여 간단히 만들 수 있어요. 전란을 제외한 모든 재료를 한번에 넣어 푸드프로세서를 작동해서 버터가 잘게 잘라진 형태가 되면 전란을 넣어 다시 작동합니다. 5의 소보로 상태가 완성됩니다. 단 기계를 사용하기 때문에 버터를 포마드 상태로 시작하면 버터가 많이 녹을 수 있으므로 버터를 차갑게 조각내어 준비하는 것이 좋습니다. 소보로 상태가 되면 동일하게 작업대에 내려 다음 단계로 진행합니다.

8

6. 프라제 작업으로 (p17 참고) 반죽을 한 덩이로 뭉쳐서 완성합니다.

7. 완성된 반죽 냉동고에 30분 정도 휴지합니다.

8. 단단해진 반죽을 유산지 위에 2mm 두께로 균일하게 밀어 펴줍니다. 밀어 편 반죽이 아직 단단한 상태라면 바로 쿠키커터로 찍어도 좋고, 반죽이 부드러워졌다면 잠깐 다시 냉장고에 휴지한 후 꺼내어 단단해졌을 때 찍는 것이 훨씬 깨끗하게 완성할 수 있어요.

9. 지름 6.2cm 원형 쿠키커터로 찍어낸 반죽을 팬닝하여 타공 팬과 실리콘 타공 매트에 (p130 참고) 굽습니다. (150도 8분) 구워져 나오면 식힘망에 올려 식힙니다.

10. 식은 쿠키에 완성된 말차 가나슈를 8g씩 짜고 쿠키를 덮어 샌드 쿠키를 완성합니다.

9-1

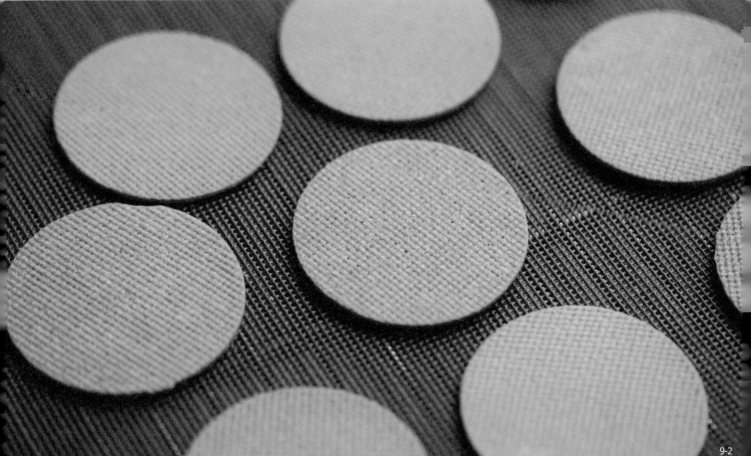

9-2

10-1

10-2

말차 가나슈

완성 분량 약 120g 개당 8g씩 사용
총 15개 분량

화이트초콜릿 커버처 75g
생크림 30g
물엿 15g
말차파우더 3g
버터 20g

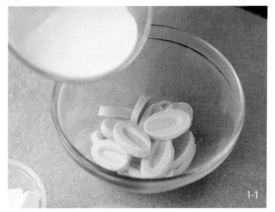

1-1

1-2

2-1

2-2

[말차 가나슈 준비]

01. 생크림과 물엿은 함께 계량해서 준비합니다.
02. 버터는 실온 상태로 준비합니다.

[말차 가나슈 만들기]

1. 화이트초콜릿에 끓기 직전까지 데운 생크림과 물엿을 넣어 매끄럽게 잘
섞습니다.
2. 잘 섞이면 말차파우더와 실온 상태의 버터를 넣어 잘 섞어서 가나슈를
완성합니다.
3. 완성된 가나슈는 냉장고에 두었다가 짜기 적당하게 굳기 시작할 때 쿠키
사이에 짜서 쿠키를 완성합니다. (가나슈를 냉장고에 오래 두어 단단하게 굳으면
다시 녹였다가 굳어올 때 사용하면 됩니다.)

갈레트 브루통

Galette Bretone

분량 지름 6cm×두께 0.8cm의 쿠키 약 15개
온도 150도 20분, 140도 25분

진한 버터의 풍미를 느낄 수 있는 갈레트 브루통. 다른 쿠키의 배합에 비해 버터의 양이 많기 때문에 성형이 다소 까다롭고 굽는 데에도 모양을 잡아줘야 하는 등 번거로움이 있지만 그 정도 쯤은 이겨내고 계속 만들고 싶을 정도로 맛있는 쿠키입니다. 버터의 맛이 중요한 제품이기 때문에 풍미가 좋은 발효 버터를 사용하는 것이 좋고 바닐라빈으로 향긋한 바닐라 풍미를 더했습니다. 진정한 쿠키 매니아라면 꼭 만들어봐야 할 필수 쿠키!

INGREDIENT

버터 200g
-
분당 120g
-
노른자 32g
-
박력분 180g
강력분 20g
소금 2g
베이킹파우더 0.8g
-
바닐라빈 2/3개
-
전란 적당량

05

[준비]

01. 버터는 포마드 상태로 준비합니다. (p40 참고. 푸드프로세서를 사용할 경우 냉장 상태로 차갑게 조각내어
준비합니다.)

02. 노른자는 실온 상태로 준비합니다.

03. 가루류(박력분, 강력분, 소금, 베이킹파우더)는 함께 체쳐서 준비합니다.

04. 6cm 지름의 원형 틀 안쪽에 버터칠을 합니다.
(원형 틀이 없거나 버터칠이 번거로운 경우 갈레트 브루통용 시판 알루미늄컵을 사용해도 좋아요.)

05. 바닐라빈은 잘라서 껍질을 제거하고 씨 부분만 준비합니다.

06. 쿠키의 표면에 발라 줄 전란과 붓을 준비합니다.

07. 오븐은 150도로 예열합니다.

[만들기]

1. 버터를 주걱으로 포마드 상태로 풀어줍니다. (p40 참고)

2. 1의 부드럽게 풀어진 버터에 분당을 조금씩 나누어 넣으며 섞어줍니다.

3. 2의 반죽에 노른자를 한번에 넣으며 섞습니다.

4. 3의 반죽에 체쳐둔 가루를 한번에 넣고 주걱으로 자르듯 섞습니다. (p41 참고) 날가루가 보이지 않을
때까지 섞어줍니다.

[푸드프로세서 이용해서 만들기]

1~4까지의 공정은 푸드프로세서를 이용하여 간단히 만들 수 있어요. 버터, 분당, 가루류를 한번에 넣어 푸드프로세
서를 작동해서 버터가 잘게 잘라진 형태가 되면 노른자를 넣어 다시 작동합니다. 4의 날가루가 보이지 않는 상태가
되면 반죽을 기계에서 꺼내어 5단계로 진행합니다. (단 기계를 사용하기 때문에 버터를 포마드 상태로 시작하면 버터가 많이
녹을 수 있으므로 버터를 차갑게 조각내어 준비하는 것이 좋습니다.)

6-1

5. 날가루가 보이지 않고 반죽이 조금씩 뭉치기 시작하는 정도가 되면 프라제 작업(p17 참고)으로 반죽을 한 덩이로 완성합니다. 완성된 반죽은 랩을 씌워 냉장고에 30분 이상 휴지합니다.

6. 휴지가 끝난 반죽을 0.8㎝ 두께로 밀어 편 후 6㎝ 원형 커터로 찍어 내어 팬닝합니다.

7. 팬닝한 반죽에 미리 버터칠을 해둔 원형 틀을 끼우고, 풀어둔 전란을 붓으로 쿠키 윗면에 바른 후 포크로 무늬를 만듭니다.

8. 150도 예열된 오븐에 넣어 20분 굽고, 틀을 제거한 후 140도로 낮추어 25분 추가로 구워줍니다. 구워져 나오면 식힘망에 올려 식힙니다.

6-2

새우 스틱 쿠키
Shrimp Stick Cookie

분량 1㎝×9㎝×두께 5㎜ 스틱 모양 쿠키 약 60개
온도 170도 9분

달콤한 쿠키도 좋지만 짭조름한 쿠키가 생각날 때 새우와 치즈로 만든 스틱 쿠키를 추천합니다. 스틱 모양으로 만든 새우 스틱 쿠키는 마치 시판 새우과자를 떠올리게 하는 데요. 그뤼에르 치즈에 미니 새우와 새우파우더를 사용해 만들어 건강하고 맛있는 진짜 새우 맛의 쿠키를 만날 수 있습니다. 스틱 형태로 만들어 먹기 좋고 바스락 부서지는 식감으로 완성되기에 아이들 간식으로 안성맞춤이며, 어른들도 좋아하게 되는 정말 맛있는 쿠키입니다.

INGREDIENT

버터 67g

-

설탕 25g

-

박력분 52g
강력분 85g
아몬드파우더 27g
새우파우더 7g
소금 1.6g
후추 1.3g

-

물 17g
마요네즈 6g

-

그뤼에르 치즈 37g
미니 새우 10g

그뤼에르 치즈 　　　미니 새우

[준비]

01. 버터는 포마드 상태로 준비합니다. (p40 참고, 푸드프로세서를 사용할 경우 냉장 상태로
　　 차갑게 조각내어 준비합니다.)

02. 가루류(박력분, 강력분, 아몬드파우더, 새우파우더, 소금, 후추)는 함께 체쳐서 준비합니다.

03. 그뤼에르 치즈는 갈아서 준비합니다.

04. 반죽을 밀어 펴기 편하도록 밀대와 유산지를 준비합니다.

05. 타공 팬과 실리콘 타공 매트를 준비합니다. (p130 참고)

06. 오븐은 170도로 예열합니다.

[만들기]

1. 버터를 주걱으로 풀어줍니다. (p40 참고) 이때 버터에 공기가 너무 많이 들어가지 않도록 하는 것이
   좋습니다.

2. 1의 부드럽게 풀어진 버터에 설탕을 조금씩 나누어 넣으며 섞어줍니다.

3. 2의 반죽에 체쳐둔 가루와 갈아둔 그뤼에르 치즈, 미니 새우를 한번에 넣고 주걱으로 자르듯
   섞습니다. (p41 참고) 중간쯤 물과 마요네즈를 넣고 섞습니다.

4. 날가루가 보이지 않고 반죽이 조금씩 뭉치기 시작하는 소보로와 같은 형태가 되면 반죽을 작업대에
   내려놓습니다.

[푸드프로세서 이용해서 만들기]
1~4까지의 공정은 푸드프로세서를 이용하여 간단히 만들 수 있어요. 물과 마요네즈를 제외한 모든 재료를 한번에
넣어 푸드프로세서를 작동해서 버터가 잘게 잘라진 형태가 되면 물과 마요네즈를 넣어 다시 작동합니다. 4의 소보로
상태가 완성됩니다. 단 기계를 사용하기 때문에 버터를 포마드 상태로 시작하면 버터가 많이 녹을 수 있으므로 버터
를 차갑게 조각내어 준비하는 것이 좋습니다. 소보로 상태가 되면 동일하게 작업대에 내려 다음 단계로 진행합니다.

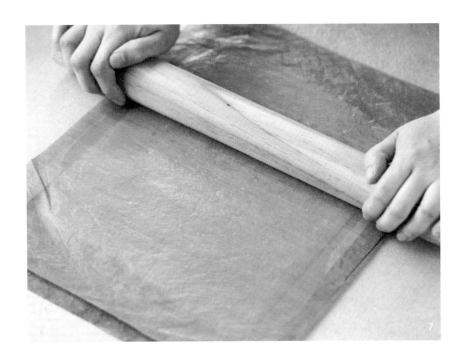

5. 프라제 작업으로 (p17 참고) 반죽을 한 덩이로 뭉쳐서 완성합니다.

6. 완성된 반죽은 냉동고에 30분 정도 휴지합니다.

7. 단단해진 반죽을 유산지 위에 5mm 두께로 균일하게 밀어 펴줍니다.
   밀어 편 반죽이 아직 단단한 상태라면 바로 재단하여도 좋고, 반죽이
   부드러워졌다면 잠깐 다시 냉장고에 휴지한 후 꺼내어 단단해졌을 때
   자르는 것이 훨씬 깨끗하게 완성할 수 있어요.

8. 1cm×9cm 스틱 모양으로 재단한 반죽을 팬닝하여 타공 팬과 실리콘 타공
   매트에 (p130 참고) 굽습니다. (170도 9분) 구워져 나오면 식힘망에 올려
   식힙니다.

초코 로미아스
Chocolate Romias

분량 지름 4.7㎝ 원형 쿠키 약 30개
온도 160도 15분

로미아스는 짜는 쿠키 반죽을 기본으로 하여 도넛 형태로 짠 후 가운데에 달콤한 누가를 넣어서 만드는 쿠키입니다. 부드러운 버터 쿠키에 바삭하게 구워진 누가의 식감이 재미있게 대비를 이루는 제품이에요. 이 책에서는 코코아파우더를 사용한 버터 쿠키에 카카오닙이 들어간 누가를 사용하여 진하고 쌉싸름한 맛의 초콜릿 로미아스를 완성해 보았습니다. 앞서 등장했던 초코칩 쿠키와는 달리 초코 로미아스는 비교적 단 것을 좋아하지 않는 분들도 좋아할만한 달지 않고 고급스러운 느낌의 초콜릿 쿠키가 아닐까 생각합니다.

INGREDIENT

버터 100g
-
분당 40g
-
흰자 28g
-
박력분 105g
코코아파우더 17g
소금 0.5g

[준비]

01. 버터는 포마드 상태로 준비합니다. (p40 참고)

02. 흰자는 실온 상태로 준비합니다.

03. 가루류(박력분, 코코아파우더, 소금)은 함께 체쳐서 준비합니다.

04. 반죽은 짜기 위해 짤주머니와 별 모양 깍지를 준비합니다.

05. 오븐을 160도로 예열합니다.

[만들기]

* 초코 로미아스는 쿠키 마스터클래스의 짜는 쿠키 p32를 참고하여 만들면 좋아요.

1. 버터를 주걱으로 풀어줍니다. (p40 참고)
2. 1의 부드럽게 풀어진 버터에 분당을 조금씩 나누어 넣으며 섞어줍니다.
3. 흰자를 2~3회에 나누어 넣고 섞습니다. 휘퍼를 사용하거나 주걱으로
   저어서 공기가 부드럽게 포집되도록 합니다.

[핸드믹서 이용해서 만들기]

양이 많아지거나 좀 더 쉽게 작업하기 위해서는 1~3단계까지 핸드믹서 저속으로 작
업합니다.

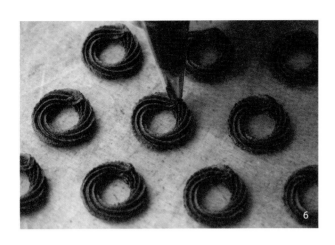

4. 3의 반죽에 체쳐둔 가루를 한번에 넣고 주걱으로 자르듯 섞습니다. (p41 참고)

5. 날가루가 보이지 않고 반죽이 뭉칠 때까지 섞습니다. 짜는 쿠키의 반죽은 다른 반죽에 비해 부드러운 상태로 완성되며, 수분이 많고 가루가 적은 배합으로 따로 휴지가 필요하지 않습니다.

6. 바로 짤주머니에 담아 지름 4.7㎝ 도넛 모양으로 짜서 팬닝합니다.

7. 팬닝한 반죽 중앙에 누가 카카오닙을 한 덩이씩 올려 바로 굽습니다. (160도 15분) 구워져 나오면 식힘망에 올려 식힙니다.

누가 카카오닙

완성 분량 약 90g 개당 3g씩 사용
총 30개 분량

버터 24g
설탕 24g
물엿 24g
카카오닙 24g

[누가 카카오닙 만들기]

1. 냄비에 버터, 설탕, 물엿을 한번에 계량하여 가열합니다.
2. 버터가 모두 녹을 정도까지 가열한 후 카카오닙을 더해서
   섞습니다.
3. 철판 위에 넓게 펼쳐서 붓고 냉장고에 식힙니다.
4. 약간 점도가 생기면 냉장고에서 꺼내어 3g씩 분할하여 동그랗게
   성형하여 준비합니다.

마카다미아 캐러멜 사블라주
Macadamia Caramel Sablage

분량 지름 6.5㎝ 원형 쿠키 15개
온도 140도 16분

해피해피케이크 디저트숍에서 인기가 많은 사블라주 타입의 쿠키로 독특한 모양과 식감의 재미있는 쿠키입니다. 이 쿠키는 쿠키 반죽을 소보로처럼 작은 조각으로 만들어서 필요한 모양으로 성형하여 구워 만듭니다. 소보로를 뭉쳐 놓은 형태이기 때문에 자연스럽게 부스러지는 식감이 재미있고 모양 또한 독특해요. 사블라주 특유의 식감과 잘 어울리는 마카다미아를 넣고 달콤 쌉싸름한 캐러멜을 더해서 완성했습니다.

INGREDIENT

버터 56g

-

황설탕 31g
흑설탕 9g

-

전란 7g

-

박력분 105g
아몬드파우더 15g
소금 0.8g

-

캐러멜소스 18g
캐러멜 마카다미아 45g

[준비]

01. 버터는 포마드 상태로 준비합니다. (p40 참고. 푸드프로세서를 사용할 경우 냉장 상태로
차갑게 조각내어 준비합니다.)

02. 가루류(박력분. 아몬드파우더. 소금)은 함께 체쳐서 준비합니다.

03. 캐러멜소스는 미리 만들어 식혀서 분량에 맞게 준비합니다.

04. 캐러멜 마카다미아를 만들어 식혀둡니다.

05. 오븐은 140도로 예열합니다.

[만들기]

1. 버터를 주걱으로 풀어줍니다. (p40 참고)

2. 1의 부드럽게 풀어진 버터에 황설탕과 흑설탕을 조금씩 나누어 넣으며 섞어줍니다.

3. 2에 전란을 넣어 섞습니다.

4. 3의 반죽에 체쳐둔 가루류를 한번에 넣고 주걱으로 자르듯 섞습니다. (p41 참고) 섞는 중간에
   캐러멜소스를 넣습니다.

5. 날가루가 보이지 않고 반죽이 작은 소보로와 같은 형태가 되면 멈춥니다.

[푸드프로세서 이용해서 만들기]

1~5까지의 공정은 푸드프로세서를 이용하여 간단히 만들 수 있어요. 전란과 캐러멜소스, 캐러멜 마카다미아를 제외한 모든 재료를 한번에 넣어 푸드프로세서를 작동해서 버터가 잘게 잘라진 형태가 되면 전란, 캐러멜소스를 넣어 다시 작동합니다. 5의 작은 소보로 상태가 완성됩니다. (다른 쿠키 반죽에 비해 소보로 사이즈가 작은 상태일 때 기계를 멈추는 것이 성형하기에 좋습니다.) 단 기계를 사용하기 때문에 버터를 포마드 상태로 시작하면 버터가 많이 녹을 수 있으므로 버터를 차갑게 조각내어 준비하는 것이 좋습니다. 작은 소보로 상태가 되면 동일하게 작업대에 내려 다음 단계로 진행합니다.

5

완성한 소보로 반죽   캐러멜 마카다미아

6. 완성된 소보로 반죽에 캐러멜 마카다미아 45g을 더해 잘 섞어둡니다.

7. 완성된 반죽을 팬닝합니다. 지름 6.5㎝ 원형 틀에 담아 스푼 등으로 가볍게 눌러서 뭉치듯 성형하고,
  바로 틀을 제거합니다.

8. 예열된 오븐에 넣어 굽습니다. (140도 16분) 구워져 나오면 식힘망에 올려 식힙니다.

캐러멜소스

완성 분량 약 160g 중 18g 사용

설탕 100g
생크림 100g

[캐러멜소스 만들기]

1. 냄비에 설탕을 골고루 갈색이 날 때까지 태웁니다. 이때 설탕을 젓지 않는 것이 좋고, 냄비를 잘 기울여 균일하게 색이 나도록 하는 것이 좋아요.

2. 1에 뜨겁게 데운 생크림을 조금씩 부어서 잘 섞어줍니다.

3. 완성된 소스는 식혀서 필요한 분량만큼 계량해 둡니다. 남는 캐러멜소스는 냉장 보관하고 2~3일 안에 사용할 수 있어요.

* 설탕이 색깔이 난 후 바로 뜨거운 생크림을 더해 섞어야 하기 때문에 생크림은 미리 데워 두는 것이 좋아요. 생크림을 과하게 끓이게 되면 수분이 지나치게 손실될 수 있기 때문에 끓기 직전의 뜨거운 상태가 좋습니다.

캐러멜 마카다미아

완성 분량 약 100g
각 3g 사용 약 30개 분량

물 11g
설탕 34g
마카다미아 분태 70g
버터 4g

[캐러멜 마카다미아 만들기]

1. 냄비에 물과 설탕을 118도까지 끓입니다.

2. 1을 불에서 내린 후 마카다미아 분태를 넣고 시럽이 잘 입혀지도록 저어줍니다.

3. 다시 불에 올려 갈색이 날 때까지 태웁니다.

4. 버터를 넣어 잘 섞어줍니다.

5. 철판에 서로 붙지 않도록 떼어 내어 식혀서 준비합니다.

올리브 쿠키
Olive Cookie

분량 지름 6.5㎝ × 두께 4㎜ 원형 쿠키 약 15개
온도 160도 20분

살레^{salé}는 '염분을 함유한, 혹은 짭짤한'이라는 의미로 케이크 살레는 기존의 달콤한 케이크가 아닌 소금이 더해진 짭짤한 식사용 케이크를 말합니다. 쿠키도 소금이나 치즈, 후추 등의 향신료나 올리브오일 등 각종 요리 재료를 더해 만들 수 있어요. 우리가 늘 맛보던 쿠키와는 전혀 다른 색 다른 맛을 느낄 수 있는 쿠키 살레. 올리브오일과 올리브를 이용해서 만든 이 쿠키는 간식으로도 좋지만 짭조름한 맛과 올리브의 맛이 와인과 함께 즐기기에도 좋은 여러 가지 매력을 가진 제품입니다.

INGREDIENT

버터 70g
-
분당 31g
-
전란 5g
-
박력분 77g
강력분 23g
소금 0.5g
-
올리브오일 8g
-
올리브 31g

01. 버터는 포마드 상태로 준비합니다. (p40 참고. 푸드프로세서를 사용할 경우 냉장 상태로 차갑게 조각내어
준비합니다.)

02. 가루류(박력분, 강력분, 소금)은 함께 체쳐서 준비합니다.

03. 올리브는 잘게 다져서 준비합니다.

04. 반죽을 밀어 펴기 편하도록 밀대와 유산지를 준비합니다.

05. 타공 팬과 실리콘 타공 매트를 준비합니다. (p130 참고)

06. 오븐은 160도로 예열합니다.

03

[만들기]

1. 버터를 주걱으로 풀어줍니다. (p40 참고)

2. 1의 부드럽게 풀어진 버터에 분당을 조금씩 나누어 넣으며 섞어줍니다.

3. 전란을 2~3회에 나누어 넣고 섞습니다.

4. 3의 반죽에 체쳐둔 가루류를 한번에 넣고 주걱으로 자르듯 섞습니다. (p41 참고) 중간쯤 올리브오일을
넣고 섞습니다.

5. 날가루가 보이지 않고 반죽이 조금씩 뭉치기 시작하는 소보로와 같은 형태가 되면 다음 단계로
진행합니다.

110

[푸드프로세서 이용해서 만들기]

1~5까지의 공정은 푸드프로세서를 이용하여 간단히 만들 수 있어요. 전란과 올리브오일, 다진 올리브를 제외한 모
든 재료를 한번에 넣어 푸드프로세서를 작동해서 버터가 잘게 잘라진 형태가 되면 전란과 올리브오일을 넣어 다시
작동합니다. 5의 소보로 상태로 완성됩니다. 단 기계를 사용하기 때문에 버터를 포마드 상태로 시작하면 버터가 많
이 녹을 수 있으므로 버터를 차갑게 조각내어 준비하는 것이 좋습니다. 소보로 상태가 되면 동일하게 다음 단계로 진
행합니다.

6-1

6-2

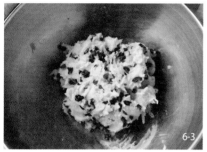

6-3

6. 5의 반죽에 다진 올리브를 가볍게 섞고, 프라제 작업으로 (p17 참고)
   반죽을 한 덩이로 뭉쳐서 완성합니다.

7. 완성된 반죽은 냉동고에 30분 정도 휴지합니다.

8. 단단해진 반죽을 유산지 위에 4㎜ 두께로 균일하게 밀어 펴줍니다.
   반죽이 차가운 상태일 때 6.5㎝ 원형 쿠키커터로 찍어 내어 팬닝합니다.

9. 팬닝한 반죽을 타공 팬과 실리콘 타공 매트에 (p130 참고) 굽습니다. (160도
   20분) 구워져 나오면 식힘망에 올려 식힙니다.

깻잎 베이컨 쿠키
Perilla leaf & Bacon Cookie

분량 2㎝×7㎝×두께 4㎜ 스틱형 쿠키 약 60개
온도 170도 14분

이번에 소개할 살레 쿠키는 깻잎과 베이컨을 주제로한 크래커 같은 식감의 쿠키입니다. 깻잎을 넣은 쿠키라니 상상하기 어려울 수도 있겠지만 조금은 독창적인 이 시도가 정말 맛있는 쿠키로 탄생되었어요. 쿠키는 달콤한 쿠키를 보통 많이 생각하지만 짭조름한 쿠키는 마치 짭조름한 스낵류의 과자에 계속 손이 가는 것처럼 묘한 중독성이 있습니다. 깻잎과 베이컨에 치즈와 잣까지 부재료를 듬뿍 넣어 바스락 부서지는 식감과 진한 맛으로 완성된 쿠키, 아낌없이 들어간 재료 만큼이나 풍성한 맛을 보장합니다!

INGREDIENT

버터 67g
-
설탕 24g
-
박력분 67g
강력분 67g
아몬드파우더 53g
후추 1g
소금 1g
-
물 40g
-
체다 치즈 27g
잣 47g
베이컨크럼블 53g
깻잎 20g
홀그레인 머스터드 13g

[준비]

01. 버터는 포마드 상태로 준비합니다. (p40 참고. 푸드프로세서를 사용할 경우 냉장
상태로 차갑게 조각내어 준비합니다.)

02. 가루류(박력분, 강력분, 아몬드파우더, 후추, 소금)은 함께 체쳐서 준비합니다.

03. 체다 치즈는 갈아서 준비합니다.

04. 깻잎은 잘게 다져서 준비합니다.

05. 반죽을 밀어 펴기 편하도록 밀대와 유산지를 준비합니다.

06. 타공 팬과 실리콘 타공 매트를 준비합니다. (p130 참고)

07. 오븐은 170도로 예열합니다.

[만들기]

1. 버터를 주걱으로 풀어줍니다. (p40 참고)

2. 1의 부드럽게 풀어진 버터에 설탕을 조금씩 나누어 넣으며 섞어줍니다.

3. 2의 반죽에 체쳐둔 가루류를 한번에 넣고 주걱으로 자르듯 섞습니다. (p41 참고) 중간쯤 물을 넣고 섞습니다.

4. 날가루가 보이지 않고 반죽이 조금씩 뭉치기 시작하는 소보로와 같은 형태가 되면 반죽을 작업대에 내려놓고 체다 치즈, 잣,
베이컨크럼블, 깻잎, 홀그레인 머스터드를 넣고 가볍게 섞습니다.

[푸드프로세서 이용해서 만들기]

1~4까지의 공정은 푸드프로세서를 이용하여 간단히 만들 수 있어요. 버터, 설탕, 가루류를 한번에 넣어 푸드프로세서를 작동해서 버터가 잘게 잘라진 형태가
되면 물을 넣어 다시 작동합니다. 4의 소보로 상태가 완성됩니다. 단 기계를 사용하기 때문에 버터를 포마드 상태로 시작하면 버터가 많이 녹을 수 있으므로
버터를 차갑게 조각내어 준비하는 것이 좋습니다. 소보로 상태가 되면 동일하게 작업대에 내려 놓고 체다 치즈, 잣, 베이컨크럼블, 깻잎, 홀그레인 머스터드를
넣고 가볍게 섞어 다음 단계로 진행합니다.

4-1

4-2

5. 프라제 작업으로 (p17 참고) 반죽을 한 덩이로 뭉쳐서 완성합니다.

6. 완성된 반죽은 냉동고에 30분 정도 휴지합니다.

7. 단단해진 반죽을 유산지 위에 4㎜ 두께로 균일하게 밀어 펴줍니다. 반죽이 차가운 상태일 때 2㎝×7㎝로 재단하여 팬닝합니다.

8. 팬닝한 반죽을 타공 팬과 실리콘 타공 매트에 (p130 참고) 굽습니다. (170도 14분) 구워져 나오면 식힘망에 올려 식힙니다.

슈톨렌 큐브 쿠키
Stollen Cube Cookie

분량 1.5㎝×1.5㎝×1㎝ 큐브형 쿠키 약 60개
온도 160도 21분

크리스마스의 빵 슈톨렌을 모티브로한 큐브 모양 쿠키를 소개합니다. 향신료와 리큐르에 절인 여러 가지 건과일과 견과류, 아몬드 마지팬이 들어가는 슈톨렌은 겨울마다 생각나는 풍성한 맛과 향을 가진 빵이에요. 우리의 슈톨렌 큐브 쿠키에도 그 맛과 풍미를 고스란히 담아 보았습니다. 마지팬을 버터와 함께 풀어 반죽을 만들고 과일콩피도 듬뿍 넣어줍니다. 원당과 슈거파우더로 마무리하여 기분 좋은 크리스피한 식감 그리고 달콤함을 더했습니다. 올해 크리스마스에는 슈톨렌 큐브 쿠키를 만들어 보는 건 어떨까요?

INGREDIENT

버터 70g
마지팬 30g
-
설탕 65g
-
노른자 20g
-
박력분 180g
베이킹파우더 1.4g
-
과일콩피 100g
오렌지필 10g
아몬드슬라이스 20g
-
원당 적당량

[준비]

01. 버터는 포마드 상태로 준비합니다. (p40 참고, 푸드프로세서를 사용할 경우 냉장 상태로 차갑게 조각내어
　　　준비합니다.)

02. 가루류(박력분, 베이킹파우더)는 함께 체쳐서 준비합니다.

03. 마지팬은 버터와 섞기 좋도록 작은 사이즈로 잘라둡니다.

04. 오렌지필은 잘게 다져서 준비합니다.

05. 과일콩피는 미리 만들어 준비합니다.

06. 마무리용 원당은 완성된 슈톨렌 쿠키 반죽에 묻히기 쉽도록 넓은 트레이에 준비합니다.

07. 오븐은 160도로 예열합니다.

[만들기]

1. 버터에 마지팬을 더해 주걱으로 풀어줍니다. (마지팬은 버터에 비해 단단하므로 살짝 데워서 부드럽게
   풀어준 후 버터에 섞습니다.)
2. 1에 설탕을 조금씩 나누어 넣으며 섞어줍니다.
3. 노른자를 한번에 넣고 섞습니다.
4. 체쳐둔 가루류를 한번에 넣고 주걱으로 자르듯 섞습니다. (p41 참고)
5. 날가루가 보이지 않고 반죽이 조금씩 뭉치기 시작하는 소보로와 같은 형태가 되면 반죽을 작업대에
   내려놓고 과일콩피, 오렌지필 다진 것, 아몬드슬라이스를 넣고 가볍게 섞습니다.

[푸드프로세서 이용해서 만들기]
1~5까지의 공정은 푸드프로세서를 이용하여 간단히 만들 수 있어요. 노른자, 과일콩피, 오렌지필, 아몬드슬라이스
를 제외한 모든 재료를 한번에 넣어 푸드프로세서를 작동해서 버터가 잘게 잘라진 형태가 되면 노른자를 넣어 다시
작동합니다. 5의 소보로 상태가 완성됩니다. 단 기계를 사용하기 때문에 버터를 포마드 상태로 시작하게 되면 버터
가 많이 녹을 수 있으므로 버터를 차갑게 조각내어 준비하는 것이 좋습니다. 소보로 상태가 되면 동일하게 작업대에
내려 놓고 과일콩피, 오렌지필 다진 것, 아몬드슬라이스를 넣고 가볍게 섞어 다음 단계로 진행합니다.

7-1

7-2

8

6. 프라제 작업으로 (p17 참고) 반죽을 한 덩이로 뭉쳐서 완성합니다.

7. 반죽을 1㎝ 두께로 균일하게 밀어 펴준 후, 냉동고에 30분 두어 자르기 좋은 상태가 되도록 휴지합니다.

8. 단단해진 반죽을 반죽이 차가운 상태일 때 1.5㎝×1.5㎝로 재단합니다.

9. 재단한 반죽에 원당을 입힌 후 팬닝하여 굽습니다. (160도 21분) 구워져 나오면 식힘망에 올려 식힙니다.

과일콩피

완성 약 100g

건포도 30g
건크랜베리 28g
잔트커런츠 27g
럼 17g
시나몬, 생강가루 조금

[과일콩피 만들기]

1. 건포도, 크랜베리, 잔트커런츠는 뜨거운 물에 살짝 헹구어 냅니다.

2. 모든 재료를 잘 섞어서 과일콩피를 완성하고 일주일 후부터 사용합니다.

   (럼에 절인 건과일은 냉장 보관하여 3개월 안에 사용하세요.)

코코넛 아이싱 쿠키
Coconut Icing Cookie

분량 지름 6.5㎝ 두께 5㎜ 원형쿠키 약 15개
온도 150도 17분

코코넛 아이싱을 올려 완성한 이 쿠키는 코코넛파우더가 만들어내는 사각거리면서 부서지는 식감과 달콤한 슈거 아이싱이 만들어내는 경쾌한 식감이 재미있게 대비를 이룹니다. 또한 코코넛의 풍미가 두 배로 더해져 이름 그대로 코코넛을 진하고 맛있게 즐길 수 있어요. 슈거 아이싱을 올려 완성한 쿠키는 원하는 맛이나 향을 더 강하게 해줄 수도 있지만, 자칫 단맛이 강해 질 수 있어 너무 두껍게 바르지 않도록 주의합니다. 아이싱 쿠키는 깔끔하게 완성할 경우 제품의 맛도 좋고 예쁘게 마무리되어 제품의 완성도를 높일 수 있는 방법입니다.

INGREDIENT

버터 80g

-

분당 50g

-

전란 22g

-

박력분 112g
코코넛파우더 52g

-

코코넛밀크 10g

[준비]

01. 버터는 포마드 상태로 준비합니다. (p40 참고. 푸드프로세서를 사용할 경우 냉장 상태로
　　　차갑게 조각내어 준비합니다.)

02. 전란과 코코넛밀크는 실온 상태로 준비합니다.

03. 가루류(박력분. 코코넛파우더)는 함께 체쳐서 준비합니다.

04. 반죽을 밀어 펴기 편하도록 밀대와 유산지를 준비합니다.

05. 타공 팬과 실리콘 타공 매트를 준비합니다. (p130 참고)

06. 오븐은 150도로 예열합니다.

[만들기]

1. 버터를 주걱으로 풀어줍니다. (p40 참고)

2. 1의 부드럽게 풀어진 버터에 분당을 조금씩 나누어 넣으며 섞어줍니다.

3. 전란을 2∼3회에 나누어 넣고 섞습니다.

4. 3의 반죽에 체쳐둔 가루를 한번에 넣고 주걱으로 자르듯 섞습니다. (p41
참고) 가루를 섞는 중간에 코코넛밀크를 넣고 섞습니다.

5. 날가루가 보이지 않고 반죽이 조금씩 뭉치기 시작하는 소보로와 같은
형태가 되면 반죽을 작업대에 내려놓습니다.

[푸드프로세서 이용해서 만들기]

1∼5까지의 공정은 푸드프로세서를 이용하여 간단히 만들 수 있어요. 코코넛 아이싱
쿠키 레시피의 경우에는 전란과 코코넛밀크를 제외한 모든 재료를 한번에 넣어 푸드프
로세서를 작동해서 버터가 잘게 잘라진 형태가 되면 전란과 코코넛밀크를 넣어 다시
작동합니다. 5의 소보로 상태가 완성됩니다. 단 기계를 사용하기 때문에 버터를 포마
드 상태로 시작하면 버터가 많이 녹을 수 있으므로 버터를 차갑게 조각내어 준비하는
것이 좋습니다. 소보로 상태가 되면 동일하게 작업대에 내려 다음 단계로 진행합니다.

124

6. 프라제 작업으로 (p17 참고) 반죽을 한 덩이로 뭉쳐서 완성합니다.

7. 완성된 반죽은 한 덩이로 뭉쳐 냉동고에 30분 정도 휴지합니다. (냉장보다
냉동고에 30분 두는 것이 나중에 밀어 펼 때 빨리 부드러워지지 않아요.)

8. 단단해진 반죽을 유산지 위에 5㎜ 두께로 균일하게 밀어 펴줍니다. 밀어 편
반죽이 단단하여 모양 잡기 좋을 때 지름 6.5㎝ 원형 쿠키커터로 찍어 내어
팬닝합니다.

9. 팬닝한 반죽을 타공 팬과 실리콘 타공 매트에 (p130 참고) 굽습니다. (150도
17분) 구워져 나오면 식힘망에 올려 식힙니다.

10. 식혀둔 쿠키에 붓을 이용하여 아이싱을 바릅니다.

11. 아이싱이 마르기 전에 쿠키 가장자리 부분에 코코넛파우더를 묻히고 오븐에
200도 20초 슈거 아이싱 표면을 말립니다. 식혀서 완성합니다.

10

11-1

코코넛 슈거 아이싱

분당 90g
코코넛리큐르 20g

[코코넛 슈거 아이싱 만들기]

1. 모든 재료를 잘 섞어줍니다.

1-1

1-2

버터

버터를 베이스로 하는 쿠키의 경우 버터의 부드러운 상태를 잘 유지하는 것이 중요합니다. 너무 녹아 부드러워지거나 너무 차가워서 단단해진 상태의 버터로는 제대로 된 반죽을 만들기 어렵습니다. 버터는 이렇게 온도에 따라 단단한 정도가 달라지는 특성을 가지고 있기 때문에 우리는 쿠키를 원하는 모양으로 성형하여 완성할 수 있게 됩니다. 또한 쿠키의 풍미를 좋게 하고 글루텐 형성을 방해하여 버터 양이 많은 레시피일수록 상대적으로 부서지기 쉬운 제형으로 완성되기도 합니다.

달걀

껍질을 제거한 달걀 전체를 풀어놓은 것은 '전란'이라고 하며, 필요에 따라 노른자와 흰자로 분리하여 사용하기도 합니다. 신선한 것을 사용하되 쿠키 반죽을 만들 때에는 상온에 30분 이상 보관하여 찬기가 빠진 것을 사용합니다. 차가운 달걀을 사용하면 버터와의 온도 차이로 반죽이 단단해지거나 매끄럽게 섞이지 못하고 분리될 수 있으므로 주의합니다. 그렇기 때문에 꼭 상온 상태의 달걀을 사용하도록 하며 버터를 베이스로 한 반죽에 달걀을 섞을 때 달걀의 수분이 버터와 잘 섞이게 하기 위해 조금씩 여러 번에 나누어 넣는 것이 좋습니다. 달걀은 반죽에 수분을 공급해주는 역할을 하며, 맛을 내고 또한 구워 내었을 때 형태를 유지하는 역할을 하기도 합니다.

설탕

분당, 황설탕, 흑설탕 등 제과에서는 다양한 종류의 설탕이 활용됩니다. 각각의 설탕에 따라 다른 식감과 맛이 만들어지므로 필요에 따라 구분하여 사용하는 것이 좋습니다. 설탕은 쿠키에 단맛을 내며, 구워졌을 때 구움색을 만들어 줍니다. 또한 전분의 노화를 방지하는 역할을 하기 때문에 제품의 보존성을 높여 주기도 합니다. 설탕이 비교적 많이 들어가는 쿠키의 경우 바삭하고 단단한 식감이 되기도 합니다.

밀가루

박력분, 중력분, 강력분으로 나뉩니다. 밀가루는 쿠키의 형체를 형성하는 역할을 하며 글루텐을 생성하는 정도에 따라 박력분, 중력분, 강력분으로 나뉩니다. 일반적으로 쿠키나 제과 제품의 경우 박력분을 사용하지만 필요에 따라 좀 더 단단한 제형으로 제품을 완성하기 위해서는 중력분 또는 강력분을 사용하기도 합니다. 밀가루는 지나치게 치대어 섞는 경우 글루텐이 과하게 생성되어 딱딱한 쿠키로 완성될 수 있으므로 주의하여야 하며 그렇기 때문에 밀가루를 섞을 때에는 반죽을 치대지 않고 자르듯 섞는 것이 좋습니다.

128

팽창제

쿠키에는 보통 필요한 경우 베이킹파우더, 베이킹소다 등의 팽창제를 사용합니다. 팽창제는 가벼운 식감의 쿠키를 만들 때 쿠키를 부풀게 하는 역할을 하기도 하며 또한 바삭한 식감을 내기 위해서 사용하는 경우도 있습니다. 기타 가루류와 마찬가지로 밀가루와 함께 계량하여 가루에 잘 혼합되도록 함께 체쳐서 사용합니다.

기타 가루류

전분, 아몬드가루, 헤이즐넛가루 등의 견과류 가루 등이 밀가루와 함께 사용됩니다. 쿠키를 밀가루에 비해 좀 더 부서지는 가벼운 식감을 내고 싶을 때 전분을 활용하며, 고소한 풍미를 내기 위해서는 견과류 가루를 함께 사용하기도 합니다. 또한 코코아파우더와 말차파우더 등도 제과에 많이 활용되는 가루 재료입니다. 이런 가루 재료는 보통 밀가루와 함께 계량한 후 함께 체쳐서 골고루 섞어 사용합니다.

기타 재료

일반적으로 쿠키는 버터, 설탕, 달걀, 밀가루 네 가지 재료로 만들지만 필요에 따라 우유, 생크림, 올리브오일, 코코넛오일 등의 기타 재료를 활용하기도 합니다. 이 재료들은 추가로 필요한 맛과 풍미를 더하기도 하고 반죽의 제형을 조절하는 역할을 하기도 합니다. 이 재료는 넣는 순서가 아주 중요하지는 않으나 보통 가루를 섞는 중간에 넣어서 혼합합니다.

기타 부재료

쿠키에는 다양한 부재료가 사용됩니다. 견과류를 넣어 고소한 맛과 재미있는 식감을 더할 수도 있으며 건과일을 사용하여 특유의 새콤달콤한 맛을 낼 수도 있어요. 부재료는 특별히 다른 재료에 영향을 많이 받지는 않으나 기본 반죽 양에 비해 너무 많이 들어갈 경우 쿠키가 잘 뭉쳐지지 않을 수 있으니 그럴 때는 양을 조절하여 사용합니다. 일반적으로 잘 섞기 위해 잘게 다져서 사용하고, 반죽에 처음부터 넣을 경우 다른 재료의 혼합에 방해가 될 수 있으므로 반죽 마무리 단계에 넣어 줍니다.

버터

설탕

달걀

밀가루

팽창제

기타 가루류

기타 재료

기타 부재료

129

TOOLS
도구

푸드프로세서
공기를 포집하지 않는 반죽을 만들 때 유용하게 사용할 수 있는 기계입니다. 칼날이 커팅하듯 돌아가며 혼합되기 때문에 반죽에 공기가 들어가지 않고 글루텐이 잘 형성되지 않아 쿠키 등의 반죽을 만들기에 적합합니다. 이 책에서는 짜는 쿠키를 제외한 모든 쿠키 제작에 푸드프로세서를 병행하여 사용하도록 설명하고 있습니다.

고무주걱
버터를 부드럽게 풀고 설탕을 넣어 섞을 때, 가루를 자르듯 섞을 때까지 쿠키 반죽은 대부분 주걱을 이용하여 만듭니다. 공기 포집을 특별히 하지 않는 쿠키의 특성상 거품기보다는 고무주걱을 이용하여 반죽을 만드는 경우가 많습니다. 또한 고무주걱은 볼을 깨끗하게 정리하여 재료를 깔끔하게 모두 사용할 수 있습니다.

체
가루류를 체쳐서 준비할 때 사용합니다. 가루류를 체를 쳐서 사용하면 서로 다른 가루가 잘 혼합되고, 불순물을 제거할 수 있으며 가루 사이사이에 공기가 들어가게 되어 쿠키 반죽을 만들 때 일부가 덩어리지지 않고 잘 혼합되는 데에 도움이 됩니다.

스텐볼
반죽을 만들기 위한 볼. 스텐으로 된 것이 세척이 용이하고 위생적입니다.

핸드믹서
공기를 포집해야 하는 반죽을 만들 때 편리한 도구. 이 책에서는 짜는 쿠키를 대량으로 만들 때에 핸드믹서를 사용할 수 있도록 설명하고 있습니다.

저울
계량을 정확히 하기 위해 꼭 필요한 저울. 필요에 따라 1g 단위와 0.1g 단위를 준비합니다. 저울을 사용하는 그램 단위의 계량은 컵이나 스푼을 이용한 계량법에 비해 정확하기 때문에 항상 일정한 제품을 만들 수 있는 장점이 있습니다.

타공 팬 &실리콘 타공 매트
넓고 평평한 쿠키를 구울 때에는 반죽이 구워질 때에 수증기가 잘 배출되지 않아 모양이 울퉁불퉁해지거나 퍼지게 됩니다. 이것을 막기 위해 반죽에 포크 등으로 구멍을 내어 굽는 경우가 많습니다. 하지만 타공 팬과 실리콘 타공 매트를 사용하면 반죽의 수증기가 쿠키의 바닥면 쪽으로 배출 될 수 있기 때문에 쿠키 표면에 구멍을 내지 않아도 평평하고 모양이 잘 잡힌 상태로 구워지게 됩니다. 이 책에서 찍는 쿠키의 경우 타공 팬 위에 실리콘 타공 매트를 올리고 그 위에 반죽을 올려 굽는 것을 추천하고 있으며 만약 타공 팬과 실리콘 타공 매트의 준비가 어렵다면 일반 팬에서 굽되 표면에 포크나 나무꼬치 등으로 수증기가 배출될 수 있는 구멍을 여러 개 뚫어서 굽는 것이 좋습니다.

테프론시트
철판 위에 반죽을 팬닝할 때 사용하면 반죽이 매끈하게 잘 떨어지게 되고, 철판을 위생적으로 사용할 수 있습니다. 테프론시트가 없는 경우 종이 호일 등으로 대체해도 좋습니다.

밀대
반죽을 평평하게 밀어 펴 성형하는 찍는 쿠키 타입의 쿠키를 만들 때 사용합니다.

붓
글라세를 바르거나 틀에 버터칠 할 때 사용합니다. 털이 빠지지 않고 부드러운 것이 좋으며 버터칠 하는 붓은 별도로 구분해서 사용하는 것이 편리해요.

쿠키커터
찍는 쿠키 반죽을 모양내어 찍어낼 때 사용하는 커터. 심플한 원형 모양부터 다양한 동물이나 문양까지 다양하게 제작됩니다. 필요한 모양을 준비해서 쿠키 모양낼 때 사용합니다.

스크래퍼
반죽을 자르거나 정리할 때 사용하는 도구.

짤주머니
짜는 쿠키의 경우에는 짤주머니에 담아서 반죽을 모양내어 짜줍니다. 짤주머니에 모양깍지를 넣어 원하는 모양으로 짜주면 됩니다.

모양깍지
짜는 쿠키 반죽을 원하는 모양으로 짜기 위해 필요한 깍지. 깍지의 모양에 따라 짰을 때의 모양이 달라집니다.

고무주걱

체

스텐볼

푸드프로세서

131

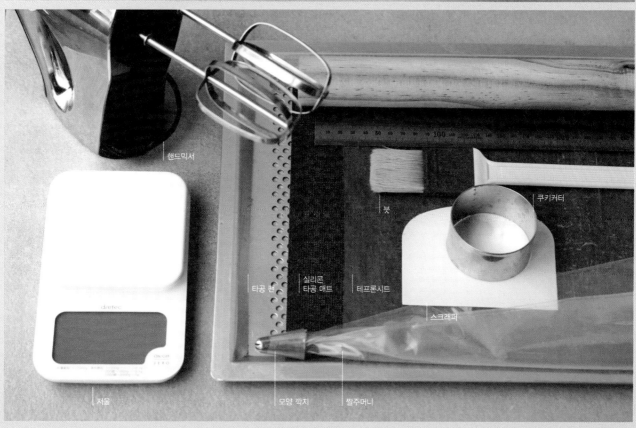

핸드믹서

붓

쿠키커터

타공 팬

실리콘
타공 매트

테프론시트

스크래퍼

저울

모양 깍지

짤주머니

HAPPYHAPPY RECIPE, COOKIE
쿠키, 일상의 달콤한 순간이 되기를 바라며

해피해피케이크 디저트숍에는 케이크와 함께 다양한 구움과자가 준비되어 있습니다.
그 중에 구움과자와 쿠키류는 10가지 내외입니다.
다양한 케이크 제품을 판매하고 있는 숍의 특성상 쿠키 종류를 더 많이 준비해서 내놓
고 있지는 못하지만 우리 숍의 쿠키는 인기가 꽤 많은 편이에요.
케이크와 함께 준비하려면 손도 많이 가고 준비도 많이 필요하지만 우리가 쿠키를 꾸준
히 만드는 데에는 이유가 있어요.

해피해피케이크에는 오픈 초기부터 찾아주시는 단골 분들이 많이 있습니다.
매일 조용히 찾아오셔서 케이크 한 조각에 행복해 하는 손님들을 보면서 우리가 하고
있는 이 일이 얼마나 중요한 일인지 책임감과 감사함을 느끼게 됩니다.
그 중 단골 손님들이 특히 자주 찾는 제품이 쿠키였습니다.
케이크 한 조각을 드시고 돌아가는 길에 한두 개씩 포장해 가는 쿠키가 그분들께 어떤
의미일지 우리는 생각해 보게 됩니다.

일상에서 디저트가 필요한 순간이 있다고 생각해요.
매일매일 근사한 케이크를 먹는 것은 어려워도 작은 쿠키 한 조각에 커피 한 잔은 어렵
지 않게 즐길 수 있는 일상의 달콤한 순간이지요.
우리의 쿠키를 만나는 분들에게 그런 작고 소중하며, 달콤한 순간을 만들어 드릴 수 있
다는 게 쿠키를 매일매일 구워 내는 이유입니다.
그래서 저희는 오늘도 더 정성을 들여 맛있는 레시피들로만 엄선하여 쿠키를 구워 내고
있습니다.

이 책을 접하게 될 독자 분들께도 쿠키와 함께하는 달콤한 순간을 선물하고 싶어요.
언제나 일상 가까이에 있는 쿠키, 이 책을 통해 쿠키라는 디저트를 좀 더 즐겁게 만들
수 있었으면 좋겠습니다. 그리고 직접 만들어 즐기는 15가지의 쿠키를 통해 달콤한 순
간을 만날 수 있기를 바랍니다.

2018.11.1 해피해피케이크 김민정